二重スパイ

イスラム過激派を監視した男

毎日新聞欧州総局長
小倉孝保

講談社

三重スパイ

イスラム過激派を監視した男

目次

第三章　フランス

第四章　英国

第五章　地上の人に

三重スパイ

イスラム過激派を監視した男

写真　小倉孝保（第五章を除く）
レダ・ハセイン提供（第五章）
ブックデザイン　鈴木成一デザイン室

序章 対面

アルジェのダウンタウンに立つ
レダ・ハセイン。

イスラム過激主義のカリスマ

マンハッタン島は、朝から小雪になった。

気温はマイナス十度まで冷え込んでいる。

厚手のジャンパーに帽子をかぶったレダ・ハセインは少し急ぎ足で、米国ニューヨーク州南部地区連邦地方裁判所に着いた。この島の南部、中華街やイタリア人街にも近い一角に建つ裁判所はすらりと高く、裁判所にありがちな重々しさはほとんど感じさせない。パール・ストリートに面した正面玄関に掛かる星条旗も、国旗好きのこの国にしては控え目なようにハセインには思えた。

左手首にしたセイコー製腕時計を見ると、ちょうど九時を指していた。金属探知機を通ってエレベーターで十五階まで行き、目指す15A号法廷に入った。右側傍聴席の最前列を確保したハセインは、少しほっとしてジャンパーと帽子を脱いだ。開廷にはまだ一時間ある。自分より先に傍聴人が一人いたことにハセインは驚いた。この時間なら、てっきり一番乗りだと思っていた。

二〇一五年一月九日。この法廷で一人の被告に判決が言い渡されることになっていた。本名、ムスタファ・カメル・ムスタファ。エジプト出身の英国人。一般には、アブ・ハムザの名で知られるこの男こそ一九九〇年代、ロンドンのモスク（イスラム礼拝所）で過激な演説をしては若者を扇動し、欧米人誘拐など数々のテロを指示したカリスマ説教師だった。九〇年代後半から現在まで続く、世界のイスラム過激主義に最も影響を与えた男の一人である。

そして、アルジェリア出身の英国人であるハセインは、九〇年代後半から〇〇年にかけ、ロンドンのモスクに潜入しアブ・ハムザの言動を監視した元スパイだった。ニューヨークにやってきたのは二日前。もちろん、この日の判決公判を傍聴するためだった。

ハセインは公判前日、世界貿易センタービルの跡地（グラウンド・ゼロ）周辺を歩いた。〇一年九月十一日朝、イスラム過激派にハイジャックされた二機の旅客機がビルに突っ込み、二棟が倒壊した場所だった。この跡地には二ヵ月前にワンワールド・トレードセンター（フリーダム・タワー）が開業していた。

約三千人の命を奪ったこの場所に再建されたワンワールド・トレードセンターは高さ千七百七十六フィート（約五百四十一メートル）。全米一のこの高さは、米国の独立した年（一七七六年）にちなんでおり、テロから立ち直ろうとする国民の意思や希望を象徴していた。

連邦地裁はワンワールド・トレードセンターから北東約九百六十メートルのところにあり、歩いても十五分弱で着く距離だ。アブ・ハムザは塔が復興したことを知っているだろうか。ワンワールド・トレードセンター周辺を歩きながらハセインは、イスラム過激主義を拡散させた男に判決を言い渡すには、これ以上、適当な場所はないように思った。

さらに、ハセインはこの判決公判にもう一つ、小さな因縁を感じていた。

ハセインがロンドンを出た一月七日、パリの週刊紙シャルリー・エブド本社が襲撃されジャーナリストら十二人が殺害された。襲撃したのはイスラム過激思想に染まったアルジェリア系フランス人の兄弟、サイド・クアシ（兄）とシェリフ・クアシ（弟）だった。シャルリー・エブドがイスラム教の預言者ムハンマドの風刺画を掲載したことに報復するためのテロ攻撃と考えられた。

ニューヨークに着いたハセインはパリのテロを報道で追いながら、この事件にも、アブ・ハムザの過激思想が影響していると確信を持った。犯人の一人、シェリフは〇五年、パリ南郊の刑務所にいたときジャメル・ベガルという服役囚からイスラム過激思想を植え付けられた。このアルジェリア系フランス人のベガルは〇一年七月、パリの米国大使館爆破を計画したとしてアラブ首長国連邦で逮捕され、その後、フランスに移送された。このベガルは九九年から〇〇年にかけ、ロンドンのモスクでアブ・ハムザの片腕として活動していた男だった。

ハセイン自身、当時何度もベガルを見かけている。アブ・ハムザからベガルを経て、クアシ兄弟へ。シャルリー・エブド紙の襲撃事件も、その源流をさかのぼれば、アブ・ハムザに行き着くのだ。パリでイスラム過激派のテロが燃えさかるちょうどそのとき、その過激思想の源流の一人であるアブ・ハムザに判決が下ることに、ハセインは偶然以上の何かを感じないではいられなかった。

ニューヨークの午前十時はパリの午後四時に当たる。ちょうど判決公判の開廷時間、パリでは、シャルリー・エブドを襲撃した後、逃走したクアシ兄弟が印刷工場に立てこもり、フランス軍所属の憲兵部隊に取り囲まれていた。憲兵部隊が印刷工場を急襲して兄弟を射殺するのは、その約一時間後である。

「表現の自由」に搦め捕られる殺人教唆

ニューヨークの法廷は、大揺れに揺れるパリとは別世界だった。

傍聴席のハセインはパリの大騒動を知らない。この日朝、宿泊先のホリデイ・インではテレビも見なかった。何としても傍聴席の最前列を確保するため、食事もとらずにコーヒーだけでホテルを出てきたのだ。

法廷は完全な静寂が支配していた。ハセインは、アブ・ハムザに会うのは何年ぶりだろうと思った。一九九七年から毎日のようにアブ・ハムザを見てきたが、二〇〇〇年四月に自分のスパイ活動がばれたのを最後にアブ・ハムザに会うことはなかった。イスラム過激派指導者とそれを監視したスパイの直接対面は十四年九ヵ月ぶりということになる。

開廷直前になると傍聴席は、欧米ジャーナリストで埋まった。ぱりっと決めたスーツにネクタイ姿の傍聴人が、何人か目に入った。ハセインは元スパイの嗅覚で、米国や英国の諜報機関の人間だと思った。

連邦検察官や弁護人が入廷したのに続き、午前十時ちょっと前に法廷左側の扉から、看守に挟まれアブ・ハムザが姿を見せた。色の濃いシャツにスラックス。頭髪はやや短めにそろえ、口の周りのひげは真っ白だ。アブ・ハムザはアフガニスタンで地雷処理中、両腕を失っている。普段は戯曲「ピーター・パン」のフック船長（キャプテン・フック）よろしく、両腕に鉤《かぎ》を装着しているが、法廷には金属の持ち込みが禁じられているため、アブ・ハムザの両腕は肘《ひじ》から先がなかった。

ハセインはにらみつけるような視線を送った。かつて支持者に囲まれ、身体全体からカリスマの臭気を強烈に放っていたイスラム過激派指導者から、当時のエネルギーは伝わってこなかった。アブ・ハムザは被告人席に着いた。ハセインから四メートルほど先である。アブ・ハムザはハセインに気づかなかった。互いに年を取り、約十五年前とは印象が、相当変わっている。アブ・ハムザは、かなりやせたようだが、ハセインは逆に、十キロ以上も体重を増やしている。

ハセインの席はアブ・ハムザの右側だった。モスクで監視していたとき、ハセインは常にこの男の左側に席を占めた。アブ・ハムザは地雷除去中に左目も負傷している。そのため左側に座る方が気づかれにくいと考えたからだ。傍聴席から視線をアブ・ハムザに集中させながら、この男を右側から見ることはほとんどなかったことにハセインは改めて気づいた。

やわらかな電灯が法廷の空気を落ち着いたものにしている。

判事を待つアブ・ハムザが隣の弁護人と小声で話した。ハセインの耳にアラビア語なまりの英語が届いた。聞き慣れた声とアクセントだった。それを聞いたときハセインの頭に、かつてしばしば見たモスクでの光景がよみがえった。

当時、ロンドン市内のフィンズベリー・パーク・モスク（現在の北ロンドン中央モスク）には若いイスラム教徒が集まっていた。アブ・ハムザはまだ三十代で英国の説教師としては若かった。エネルギッシュでユーモアあふれる演説で人気を博した。アブ・ハムザの演説を聞きながら若いイスラム教徒は、アルジェリアやボスニアでイスラム主義者が殺害されてきた状況に強い怒りを共有していた。

若者を前にアブ・ハムザは叫んでいた。

「殺せ、米国人を。敵を殺すんだ。そして、天国に行くんだ」

「イスラエル人を殺すことは正しいことだ。そうすれば天国への道が開ける」

若者はこうしたアブ・ハムザの説教に酔っていた。

モスクの隅にあるテレビでは、アルジェリアやボスニア、チェチェンで殺害されたイスラム戦闘員の傷んだ遺体のビデオ映像が流れていた。若者たちは食い入るように、それを見続けた。

アブ・ハムザは語りかけた。

「彼らは天国に行った。彼らのために祈るんだ」

気持ちを高ぶらせ、涙する者もいた。多くの若者が、自分たちも彼らの後を追ってイスラム戦士として戦い、「殉教者」になることを夢見ていた。そして宗教心が高められたのを見計らうようにアブ・ハムザらは若者たちを戦闘員としてリクルートし、偽造したパスポートを渡してはアフガニスタンの軍事訓練キャンプに送り込んでいた。

ハセインの祖国、アルジェリアでは当時、イスラム過激派によるテロが続発していた。フィンズベリー・パーク・モスクでは毎週金曜、アルジェリアで殺害された市民の数が「成果」として報告された。首都アルジェでは、ハセインの両親や妹が息を潜めて暮らしていた。なのに、アブ・ハムザは、

「今週も我々の仲間が多くの不信心者を殺害した」

と叫び、支援者の称賛を浴びていた。

ハセインはそうしたやりとりを静かに観察し、帰宅するや、すぐに報告書を作成しフランスや英国の諜報機関に提出した。パスポート偽造やクレジット・カードの窃取、戦闘員としての送り込みの子細を報告し、何度も英国治安・諜報機関にアブ・ハムザを逮捕すべきだと主張した。しかし、返って来た答えは、こうだった。

「英国は表現の自由を尊重している。モスク内でどんな発言をしようと自由だ」

ハセインは思った。英国治安・諜報機関は、「表現の自由」と「殺人の教唆《きょうさ》」をはき違えていると。パリのシャルリー・エブド紙が風刺画を掲載して襲撃された際、欧州各国政府は「表現の自由」を、侵すことのできない「正義の御旗」と主張した。これを見たときハセインは、欧州社会がむしろ、「表現の自由」の呪縛に搦《から》め捕られているように思えた。アブ・ハムザの発言でさえ当時の英国政府は、「表現の自由」として擁護していたのだ。


法廷の時計は午前十時を少し回った。廷内は静まり返っている。

裁判官席後ろの扉から女性裁判官が姿を見せた。ハセインはアブ・ハムザから視線を外さなかった。アブ・ハムザは正面を見据えたまま、ハセインの方には一度も顔を向けなかった。

裁判官が席に着いた。判決公判が始まろうとしていた。ハセインは二十年前に始まったスパイとしての使命が完了するのかと思い、身震いするような感覚を覚えた。

静かな法廷に誰かの咳が一つ響いた。

第一章

アルジェの太陽

アルジェの自宅バルコニーに立つレダ・ハセイン（左）と父ムハンマド。ムハンマドはその後、急死した。

ハセインとの出会い

アルジェは太陽が印象的な街である。

小高い丘から、青い海に照りつける光を見ていると恍惚感《こうこつかん》に襲われそうになる。

フランス統治時代にここで暮らしたフランスの作家アルベール・カミュは、この街を舞台に代表作『異邦人』を書いた。その中で、主人公ムルソーは殺人の動機を、「太陽がまぶしかったから」と語っている。実際、アルジェに来ると、この言葉を理解できる気がしてくるのが不思議だ。

二〇一三年二月一日、私はアルジェリアの首都アルジェに入った。空気には冷たさも残るが、陽光は相変わらずまぶしい。

約二週間前の一月十六日、この国の東部イナメナスの天然ガス精製プラントで、イスラム過激派の武装集団による襲撃、立てこもり事件が発生していた。武装集団にとられた人質は約二百人。その中にプラント大手「日揮」（本社・横浜市）の関連会社社員ら日本人十人がいた。事件発生から五日後の一月二十一日、アルジェリア軍は掃討作戦を実施し施設を奪い返した。この作戦で人質四十八人が亡くなり、日本人は全員、帰らぬ人となった。

アルジェからイナメナスまでは直線距離で約千五十キロ。東京から種子島までの距離とほぼ同じだ。さらにアルジェリアは地中海沿岸都市と、内陸の砂漠地域の間に山岳地帯が横たわっている。沿岸と内陸の心理的距離は実際以上に隔たり、事件から二週間後のアルジェでは、テロと軍事作戦による硝煙の残り香を嗅ぐことはなかった。

私がここを訪れるのは九年ぶりだった。前回、この街を訪れたときには、内戦（一九九二～二〇〇二年）が終わってさほど時間が経っていなかったこともあり、街のあちこちに兵士の姿が目立った。今回、それが消え、表面的には当時の緊張から街は解放されていた。

ただ、首都が平静さを幾分、取り戻したからといって、この国が苦難の歴史から自由になったわけではない。イナメナスの事件は、地方ではいまだイスラム武装勢力が息を潜めて、隙をうかがっていることを証明していた。


空港からレンタカーで市内に向かう。さわやかな日差しの下、右手に青い地中海が広がっている。運転席のレダ・ハセインが言った。

「海外に興味を持ったのもこの海だった。向こうには何があるんだろうな、と。たどり着いたのは雨と霧の街（ロンドン）だったけどな」

身の丈百八十センチ、体重は八十キロを超える。アルジェ生まれで、現在はロンドンに暮らす。アルジェリアと英国の二重国籍だ。私がこのスキンヘッドの男と一緒にアルジェに来た経緯を説明するには、彼との出会いについて語る必要がある。

ジェームズ・ボンドの映画「００７」シリーズでもわかる通り、英国には諜報（スパイ活動）の伝統がある。欧州の西端に浮かぶ小さな島国が一大帝国を築き得たのは、世界に先駆け産業革命をなし遂げたことと海軍力を増強したこと、そして、早くから情報の価値に気づいたことが大きい。今なお、BBC放送やロイター通信といった世界に冠たるメディアを持っているほか、有力な保険、金融産業がこの国で育っているのも、その根底に情報を重視する社会があるためだ。そうした考えは政府の情報収集活動にもつながっており、第二次世界大戦でナチス・ドイツに連合国側が勝利した背景にも、英国がナチスの通信を的確に傍受し、正確に解析していたことがある。

私は一二年四月、ロンドンに赴任した。知り合いのジャーナリストや弁護士を訪ね、掘り下げる価値のある取材テーマを探しているとき、何人かの知り合いからハセインについて聞かされた。

「諜報機関を渡り歩き、世界に拡散するイスラム過激派をスパイした男がいる」

私はかつてカイロに駐在し、米同時多発テロ（〇一年九月十一日）前後のイスラム主義の動きを追った時期があった。私はハセインに興味を持った。公表されている資料でこの男の情報を集めた。

その一つに、英国のシンクタンク「社会結束センター」が〇八年に出した「脅迫の犠牲者　欧州イスラム教社会における言論の自由」と題するレポートがあった。報告書は三ページにわたり、ハセインを紹介している。このシンクタンクは英国の左派系人権団体として定評のある「ヘンリー・ジャクソン・ソサエティー」内の組織であり、レポート内容の信頼度は高いと考えて良い。

レポートは要約すると、こういう内容だった。

レダ・ハセイン　一九六一年、アルジェリア生まれ。現在、ロンドン在住。一九九〇年代、アルジェリア、フランス、英国の諜報機関でスパイとして活動する。最も特筆すべきは、五年間にわたってフィンズベリー・パーク・モスク（現在の北ロンドン中央モスク）でイスラム過激派指導者のアブ・ハムザとアブ・カタダの行動を秘密裏に調査したことである。

それ以前、アルジェで新聞記者をしていた。九二年からのアルジェリア内戦でイスラム過激派集団は、政治家とジャーナリストの命を狙ったテロを実行した。ハセインによると、自身も殺害の脅しを受けた。友人のジャーナリストの多くが殺害された。

パリでアルジェリア人向けの週刊紙を発行しようと計画していた九三年、アルジェリアの武装イスラム集団（GIA）の支持者に襲撃されて以降、継続してGIAより脅しを受ける。

アルジェリア諜報機関の協力者として九四年にロンドンに渡り、その後、フランス、英国の諜報機関でスパイとして活動した。その間、イスラム過激派の信頼を得るため、イスラム主義を宣伝する新聞を発行した。

二〇〇〇年四月、スパイ活動がばれ、ロンドンのモスクでイスラム過激派に襲われ、殺害の脅しを受けたが、英国の治安機関は十分に保護しなかった。

〇一年にカナダ・テレビ局のインタビューを受けたアブ・ハムザはハセインについて、「イスラム教徒をスパイした人間は誰であろうと、（殺害の）正当な対象になる」と発言した。

トリプル・エージェント

レポートからわかるのは、ハセインが危険を顧みずアルジェリア、フランス、英国の諜報機関を渡り歩き、英国のイスラム過激派の危険性を主張したスパイだった、ということだ。

冷戦時代の旧ソ連と英国の間には、それぞれ二重スパイ（ダブル・エージェント）が存在した。その多くは自分の信念に基づき、敵対国の諜報機関に協力した者たちだった。ハセインは、なぜ三ヵ国のスパイとなったのだろう。スパイ対象はイスラム過激派という国を超えた存在だった。だから諜報機関を渡り歩くことになったのだろうか。イスラム過激派の脅威の残るロンドンで今も暮らしていて身の危険はないのだろうか。二重ならぬ三重スパイ（トリプル・エージェント）。その男についての疑問は次々浮かび、私の興味をかきたてた。

イスラム過激派の動きを追う英国のジャーナリストの中に、ハセインとコンタクトを取れる者がいることがわかった。彼らを通し、私が連絡を取りたがっていることを伝えてもらった。すぐに連絡はなかった。

この年のロンドンは六月に入り、珍しいほど雨が続いた。連絡を半ばあきらめたある夜、私が一人で、ロンドン中心部のオフィスにいると電話が鳴った。

「レダ・ハセインだ。俺に連絡を取りたがっている人がいると聞いたんだ」

「…………」

一瞬、誰からの電話か理解できなかった。

「日本のジャーナリストが俺と話したがっているらしい」

ややなまりのある英語を聞いたとき、ようやく思い出した。私は、とっさにアラビア語であいさつしてみた。

「アッサラーム・アライコム」

私はイスラム教徒と会うといつも、「アッサラーム・アライコム（あなたに平和を）」と声を掛けることにしている。「こんにちは」といった程度のあいさつだが、どれだけ緊張した場面であっても、この言葉を口にするだけでその場がなごむ。

「ムスリム（イスラム教徒）なのか？」

と問うハセインに、そうではないと告げ、会って話がしたいと伝えた。それに対し、ハセインの口にした言葉はやや意外だった。

「カネの支払いがないと、ジャーナリストの取材は受けない。いくらか出す用意はあるのかい」

英国ではジャーナリストが取材対象にカネを払うことは珍しくない。政治家や官僚を取材する際に協力費を支払うことはないが、特別な体験をした人へのインタビューや、その人間から情報を提供してもらう場合、協力費としてカネを支払うことは少なくない。「チェック（小切手）・ジャーナリズム」と呼ばれ、カネでネタを買うことをさげすむ空気がある一方、激しい競争にあるジャーナリズムにおいて、きれい事ばかりでは勝負にならないとの冷めた見方もある。ハセインは取材を受ける場合、協力費を要求していた。

しかし、私の場合、インタビュー対象にカネは払わない。それを説明するとハセインは、

「じゃあ、話すことはないな」

と、あっさり電話を切った。不思議と嫌悪感は残らなかった。なまりのあるとつとつとした英語

に、ほのぼのとしたものを感じたからかもしれない。便利なもので最近の電話には、発信元の番号を記録する機能がついている。通話を終わって電話機のディスプレーを見ると、ハセインの携帯電話番号が残されていた。

日本人には理解できない

ロンドンはかつてイスラム過激派の一大拠点だった。特に、フィンズベリー・パーク・モスクは米同時多発テロ関係者をはじめ、多くの過激なテロリストを育て、送り出したイスラム礼拝所だった。そのモスクで過激派を監視してきた男、しかも、三ヵ国の諜報機関を渡り歩いた特異な体験は、私の興味を刺激してあまりあった。ハセインへの興味は消滅するどころか、ますます高まった。

しばらくしたころ私は、ハセインの携帯に電話を入れた。とにかく会って自分の考えを伝えようと思った。

「アッサラーム・アライコム。会って話をさせてもらえませんか」

「カネの支払いがなければ、インタビューは受けないよ」

「インタビューは無理でも、とにかく一度、会ってもらいたい」

こういうとき便利なのが食事に誘うことだ。欧米では、誰もが日本食に興味を持っている。

「日本食を食べませんか」

向こうが興味を示したのがわかった。さほど忙しくなさそうだ。

「すしかい？」

ハセインはすしを食べたことがないようだった。

「すしにしましょう」

「でもインタビューはなしだぜ」

ハセインは念を押すことを忘れなかった。

こうやって私はハセインと会った。ハセインは陽気な元スパイだった。親しくなるのに時間はかからなかった。何度か食事を重ねた。日本食レストランのカウンターですしをつまみ、トルコ料理店でケバブを食べた。インタビューはしなかった。

イスラム教徒なのにハセインは赤ワインを飲んだ。彼の酒は、楽しい酒だった。そのうち、日本の文化や日本人の思考に興味を持っていることもわかった。

「日本にイスラム教徒は何人いるのか」

「日本人は死後の世界をどう考えているんだい」

しだいにハセインは胸襟《きょうきん》を開いていった。自分の経歴や、自分が見てきたことについて話すようになった。妻と離婚して一人で暮らし、長男はサッカーのプロを目指しているといった個人的なことから、英国の警察と諜報機関こそが今のイスラム過激派の潮流を作ったと考えていることなど、元スパイの目から見た分析も披露してくれた。

定期的に会うようになって、不思議に思ったことがある。ハセインがテロリストに対し、ほとんど警戒心を抱いていないことだった。すでに十年以上前とはいえ、過激なイスラム主義者を監視し、その情報を諜報機関に売った男である。監視対象のアブ・ハムザは当時、英国で収監されていた。ハセインは彼らの支持者から命を狙われても不思議ではなかった。

怖くないのかと聞いたこともあった。

「俺の人生は一九九四年の夏に終わったんだ。それ以降は余った時間でしかないんだ」

「…………」

真意をつかみかねた。

「何があったのですか？　九四年の夏に」

「好きでスパイになったわけじゃないんだ」

自分の意思に反してスパイになった。それが九四年ということのようだった。インタビューではないため、私には詰めて聞くことをためらう気持ちがあった。

「でも、イスラム過激派の脅威を感じたことは？」

「九・一一で世界が変わった。あれで俺も普通に街が歩けるようになった」

米同時多発テロ（二〇〇一年九月十一日）で警察のテロ対策が強化されたことと、世論のイスラム主義者への目が厳しくなったことで、自身が狙われる可能性は低くなったと考えたようだ。

「スパイをやっていた当時は、もちろん恐怖心もあった。だけど、……。みんな一度は死ぬから……」

イスラム教徒は死後の世界を信じている。ハセインは決して信心深い方ではないが、死後の世界については明確な像を描いている。現在の時間は、死後の世界への通過点に過ぎないと達観している。ハセインは私を試すような目で聞いてきた。

「あんたはイスラム過激派を怖いと思うだろう」

「………」

「でも、もっと怖い世界がある。テロリストよりも恐ろしい世界がね」

「………」

ハセインが何を言っているのか、理解しかねた。禅問答のような雑談でハセインの言葉を分析するには限界があった。私は思い切って、インタビューをさせてほしいと提案した。単発のインタビューでなく、ハセインの半生について聞く長期間のインタビューをできないか。ハセインの態度から、そろそろ取材を受けてくれると確信めいた思いも、私にはあった。

ハセインはもう、カネについては何も言わなかった。しかし、しばらく考えたあと、きっぱりと言った。

「やっぱりやめておこう」

「………」

「カネの支払いがないからじゃない。でも、……。日本人には理解できないと思うんだ」

その理由はこうだった。

「日本人はイスラム過激派の脅威を知らないからさ。テロリストの脅威を知らずに俺の生き方を聞けば、まるでピエロのようだと誤解されるんじゃないかと思う」

日本人もイスラム過激派の脅威を知っている。エジプト・ルクソールでは九七年十一月、日本人十人が殺害されているし、米同時多発テロでも日本人が多数犠牲になった。しかし、世界的に見れば、日本はイスラム教徒が非常に少ない国だ。歴史的にもイスラムと付き合った経験が薄い。イスラム過激派の脅威を中東や欧州の人々ほど、差し迫ったものと感じてこなかったのは確かだ。

「やつらの怖さ、異常さを知らなければ、俺がスパイになった理由を理解することはできないと思うんだ」

私は何とか説得しようとしたが、「イスラムのテロの脅威を共有できない」という壁を越えることは難しかった。イナメナスの事件が起きるまでは。

ようやくインタビューを承諾

二〇一三年一月十六日の午前、ハセインから突然、私の携帯に電話が入った。

「日本人が狙われたぞ。テレビ、見ているだろ」

「…………」

何のことを言っているのかすぐには、わからなかった。テレビでは、アルジェリアの天然ガス精製プラントが、イスラム過激派の武装テロリストたちに攻撃されたことを緊急ニュースで伝えていた。

ハセインが興奮したように言った。

「事件を（テレビで）やっているだろう。人質の中に日本人がいるんだ」

英国のテレビは、狙われたのが英国石油大手ブリティッシュ・ペトロリアム（ＢＰ）の施設であることを強調していた。人質に日本人が含まれていることはまだ、伝えていなかった。

ハセインは普段、アルジェリアの衛星放送を見ている。だから英国のテレビが報じる前に、多くの日本人が人質になっていることを知ったようだ。事件の全容が明らかになるに従い、日本人人質の数はどんどん増えていった。


国際テロ組織アルカイダとつながりのある武装集団「イスラム聖戦士血盟団」がイナメナスの天然ガス精製プラント施設を襲撃したのは、その日未明だった。このプラントはアルジェリアの国営企業ソナトラック、英国ＢＰ、そしてノルウェーのスタトイルなどが合弁で運営し、日本からは日揮がこれに参加していた。

テロリストたちはアルジェリア政府に対し、勾留されている仲間の釈放を求めた。しかし、アルジェリア政府は交渉を拒否して軍を現地に派遣した。発生翌日には早くも軍が限定的な空爆を始め、二十一日には全面的な掃討作戦に入った。武装集団との激しい戦闘の結果、外国人人質三十七人が殺され、武装集団側も三十二人が死亡した。人質の国別犠牲者では日本（十人）が最も多かった。

テロを実行したイスラム聖戦士血盟団のリーダーは、アルジェリア人のモフタール・ベルモフタールだった。一九九一年にアフガニスタンにわたってムジャヒディン（イスラム聖戦士）として内戦に加わり武器の扱い方を身につけた。

九三年にアルジェリアに帰って、「武装イスラム集団（GIA）」の戦闘員になると、アルジェリアの治安部隊を狙い攻撃を繰り返した。その後、ベルモフタールは北アフリカのアルカイダ系組織「布教と聖戦のためのサラフ主義者集団（GSPC）」創設の中心人物となった。GIAとGSPCは、スパイになったハセインの最大の監視対象だった。


立てこもり事件発生直後から、日本政府はアルジェリア政府に交渉での事件解決を求めていた。しかし、アルジェリア側にはテロリストと交渉する気はみじんもなかった。九二年からほぼ十年続いた内戦中、テロと軍事作戦によって犠牲になったアルジェリア人は十五万人とも二十万人ともいわれる。徹底した軍事作戦によってようやくテロリストたちを砂漠や山岳地帯に追い詰めた政府にとって、武装したイスラム過激派と交渉する余地などあろうはずがなかった。

日本人の犠牲が明らかになった一月二十一日、ハセインが電話をよこした。

「申し訳ないことになったな」

声は沈んでいた。自国のテロ組織が、日本人の命を奪ったことに戸惑いを覚えているようだった。しかも、首謀者はハセインがかつて監視対象としたグループのテロリストだった。

ハセインはぽつりと言った。

「受けようか。インタビュー」

日本人がイスラム過激派の脅威を共有し得たと考えたハセインは、テロリストの素顔や各国の捜査、諜報機関の考えていることについて語りたいと思ったようだ。そして、ハセインは提案してきた。

「アルジェに行かないか。あの街を見れば、俺がなぜ、こんな人生を歩んだのかわかるはずだ」

私はこうして、陽気な表情に時折、尊大でうぬぼれ屋の顔がのぞく元スパイと一緒にアルジェに来ることになった。

青い空から照りつける太陽を見ながら私は、ハセインがかつて雑談の中で語った言葉について考えていた。

「テロリストよりも恐ろしい世界って何だろう」

太陽のアルジェから霧のロンドンへ。ハセインの人生を追い掛けながら私は、彼の言う「恐ろしい世界」の正体に、気づかされることになった。

第二章 アルジェリア

アルジェのエルムジャヒド社で
モハメド・アブデラフマニの遺影（左）に
見入るレダ・ハセイン。

一人の遺影の前で

アルジェに入った私とレダ・ハセインはまず、ダウンタウンにある政府系紙エルムジャヒドの本社を訪ねた。趣ある建物に近づくと、数人のジャーナリストが次々と、声をかけてきた。

「どうしたんだ、レダじゃないか」

昔の同僚だった。ハセインは笑顔で軽く手を振って、それをやり過ごした。

エルムジャヒド社は朝刊紙エルムジャヒドと夕刊紙オライゾンを発行している。ともにフランス語の新聞である。

玄関を入ろうとして、壁に埋め込まれた立派な大理石に気づいた。高さ二メートル、幅一メートル。上部に、「仲間の殉教者」とタイトルがあり、その下にずらっと名前、肩書、生年月日と死亡年月日が並ぶ。内戦中に殺された記者たちだった。

イスラム武装テロリストたちに殺害された同紙記者は九人になる。一九九四年六月七日に殺害されたシャルキット・ファルハットから九七年六月一日のハロシェ・アブデロハブまで三年間に九人。この国が当時、いかに異常な状態にあったたか、大理石に刻まれた名前が伝えている。

パリで二〇一五年一月七日、風刺画で有名な週刊紙シャルリー・エブドがアルジェリア系フランス人に襲撃されジャーナリストと警察官が殺害される事件があった。「表現の自由」に対する挑戦に世界は大きな衝撃を受けたが、アルジェリアでは二十年も前に、ジャーナリストはイスラム主義者のターゲットになっていたのだ。

アルジェリアでテロを実行する過激なイスラム主義者たちは、ジャーナリストを政府や軍の手先と考えた。特にフランス語のジャーナリストが狙われた。西洋文化を広めることでイスラム文化を冒していると考えたのだ。

ハセインが説明した。

「（新聞社名の）エルムジャヒドとは、アラビア語で『戦士』という意味だ。ジャーナリストはペンを持った戦士たれ、という思いが込められているが、この国のジャーナリストは実際に銃で武装していたんだ」

新聞社内に入る。ハセインが見習いのころから、通い詰めた社屋である。階段を上って編集局に向かうと、廊下の壁に遺影がかかっていた。二段に分かれて上段に五人、下段に四人。ハセインは足を止め、上段中央の写真を指さした。

「俺が過激な連中を心から監視したいと思ったのは、この人が殺害されたときだった。絶対にテロリストたちを許さないと誓ったんだ」

遺影の主はモハメド・アブデラフマニ。一九三八年生まれで八五年、エルムジャヒドの編集局長になった。アルジェ市内で車を運転中、テロリストに射殺されたのは、主筆をしていた九五年三月二十七日。「アルジェリア・ジャーナリズム界の巨人」と呼ばれるスター記者だった。

髪をきれいに分け、縞《しま》のネクタイをした眼鏡のアブデラフマニの遺影からは、知的な雰囲気が漂ってくる。ハセインは言う。

「入社してすぐ、この人から新聞作りを教わった。偉ぶらず、俺のような若造の意見にも耳を傾けてくれる人だった」

いつ殺されてもおかしくない

私たちは調査部に顔を出した。過去の新聞記事を保管し、記者が原稿を書くため調査や確認をする際に使う部署である。ハセインは一九八三年、ここに配属された。

先輩のカメル・ラグーンがまだ、調査部に所属していた。六二年にエルムジャヒドに入社。新人のハセインに直接、仕事を指導した調査部のエキスパートだ。ラグーンは懐かしそうにハセインと握手した。

「この男は入ってきたときから勘が良かったよ」

九〇年代の内戦中もラグーンはここで働いた。

「いつ殺されても不思議ではなかったが、ジャーナリストを辞めようとは思わなかった。せっかく独立したのに、この国をテロリストに乗っ取られてたまるかと思っていた」

ラグーンはアブデラフマニが暗殺された日のことを、よく記憶している。

「最高の記者が殺害されたんだ。編集局のみんなはショックで言葉もなかった」

内戦で殺害されたアルジェリアのジャーナリストは約七十人になる。この国の人口は当時約二千七百万人で日本の約二二%だった。単純に人口約一億二千万人の日本に置き換えた場合、約三百人のジャーナリストが内戦中に命を落としたことになる。日本で三百人の記者が次々と命を奪われたことを想像すれば、当時のアルジェリアがいかに異常であったかが理解できる。ハセインはその後たびたび、日本人の感覚ではやや奇怪な行動をとることがあるが、それはアルジェリアの歴史が「異常」だったことが遠因になっている。

エルムジャヒド社を出た私は、同紙以外のジャーナリストからも内戦時のアルジェリアの状況を聞くことにした。

ハセインの親友、スリマン・ラウアリはルトン・ダルジェリ紙の名物コラムニストである。一九五八年生まれ。八五年にオライゾンに入りハセインと出会った。ともに北アフリカの先住民族ベルベル系だったことから気が合った。ラウアリは九一年にオライゾンを去って複数の新聞を渡り歩いてきた。

アルジェ市内のバーで会ったラウアリは、細身の体にぴったりとした黒シャツを身につけ、アーティストのような雰囲気を漂わせていた。薄暗いバーの壁にはジャズ・ミュージシャン、サッチモの大きな写真がかかり、店の隅では、客がさいころゲームに興じていた。向こうのテーブルでは若い女性二人がカクテルを飲んでいる。

ラウアリはビール、そしてスコッチ・ウィスキーを続けざまに飲んだ。

「自宅には今でもピストルがあるんだ。九四年に警察から持つように言われてね。軍人、警察官、そしてジャーナリスト。これがテロリストたちの狙いだった」

ラウアリは懐かしそうな表情で続けた。

「警察は俺に、カラシニコフ（ライフル銃）を持てと言った。でも、断ったんだ。扱う自信がなかったからね。アルジェリアの男性は兵役に就くから、誰でもカラシニコフを使いこなす。だが、俺は使えないんだ。兵役に就かなかったから。だったらせめてピストルだけでも持てと言われたんだ」

ラウアリの父は対仏抵抗運動に加わっていた一九六〇年、フランス軍に殺害された。アルジェリア独立の二年前、ラウアリが二歳のころだ。フランス軍に殺害された者の子供は兵役が免除された。

「当時はいつ、テロリストに殺害されてもおかしくないと思っていた。ピストルも使わず、こうしてバーで酒を飲んでコラムが書けるのは、運が良かったってことだ」

気持ちよく酔って外に出ると、街は静まり返っていた。人口約四百万人の大都市にしては、アルジェの夜は静かだ。午後九時を過ぎると、人通りが極端に減る。ラウアリが言った。

「テロリストが襲撃してくるのは、決まって夜だった。平穏になった今も、夜の活気だけは戻らないね」

この街の夜の静けさは、市民が経験した恐怖の深さを物語る。太陽の下で、それは感じられないが、街が暗くなったとき、市民の心に沈殿している恐怖の記憶がよみがえるのだ。

祖国の独立とともに生まれる

レダ・ハセインは一九六一年八月十二日午前九時、アルジェ中心部のナンシー診療所産婦人科で生まれた。体重は三千八百グラム。朝から強い日差しが照りつける土曜だった。世界では翌日、東ドイツによるベルリンの壁建設が始まった。東西両陣営の対立が深まる中、ハセインは生を受けた。

ナンシー診療所は今はもうない。診療所のあった場所を訪ねると、地中海側から石段を十数段上ったところに五階建ての古いビルだけが残っていた。涼しい風が山から海に向け吹き抜ける。ビルの前に立つと、地中海はすぐそこだ。ハセインは波の音と潮の香りの中で生まれたのだ。

ハセインは父ムハンマド、母バヒアにとって初めての子だった。長男誕生からほぼ一年後の六二年七月五日、アルジェリアは七年四ヵ月にわたるフランスとの戦争を経て独立を果たす。ハセインはアルジェリア独立とともに生まれたことにもなる。

ハセインには四人の妹がいる。二歳違いのカリーマから順にハキーマ、ダリラ、そして十二歳下のサビーハ。当時のアルジェの状況について父のムハンマドはこう言った。

「とても幸せな時代だった。それまでフランスに対する地下工作活動をしていた者が、英雄のように社会に迎えられた。自分たちの国を作ろうという熱気であふれていた」

しかし、希望に包まれた時代は短かった。

「その後、独立戦争中に周辺国に逃れていた者たちが続々、戻ってきて、アルジェリアを乗っ取った。国内で苦しんだ者たちで政府を作ることができなかった。すぐに政府や党が腐敗し、内部対立が始まった。夢から覚めるのに時間はかからなかったね」

ソファに深く腰掛けて語るムハンマドの声からは、ある種の無念が伝わってきた。

ハセインの父方は、北アフリカの先住民族であるベルベル系である。アルジェリアでは多くのベルベル系住民が、カビリー地方に暮らしていたためカビール人とも呼ばれている。カビリー地方は、アルジェリアからチュニジアにまで走るアトラス・テリアン山脈の山岳部にある。アラブ系民族が多数を占めるアルジェリアにあって、ベルベル系住民は人口の約二〇%。フランス・サッカーの元スーパー・スター、ジネディーヌ・ジダンもベルベル系フランス人である。

一方、ハセインの母方は姓が、「アンダルーシ」であることから、祖先がスペイン南部アンダルシア地方からアルジェリアに渡ってきたと考えられている。スペインはレコンキスタ（再征服運動、七一一～一四九二年）でキリスト教徒が勢力を回復するまでイスラム帝国の支配地域だった。

ハセインは幼いころから、恵まれた子供だった。母方の祖父シード・アハメドは、サッカーの名門クラブ・チーム、「ムールーディア・クラブ・アルジェ（ＭＣＡ）」の創設者の一人で、地元では知られた存在だった。父方の祖父ブージュマは、アルジェ市内でレストランやカフェ、パン屋などを多数経営する実業家だった。シード・アハメドとブージュマは隣同士に住み、ハセインの両親は幼いころから家族ぐるみで付き合ってきた。

父ムハンマドはジャーナリストだった。フランス植民地時代の一九五六年に創刊された新聞エルムジャヒドの記者としてスポーツや文化を担当した。ハセインがその後、働くことになる新聞社である。ムハンマドは引退後、作家として、アルジェリアのサッカー・クラブチームの歴史や人気歌手の伝記を執筆してきた。ハセインにとって父は常に絶対的な存在で、逆らうことは想像もできなかった。

私がハセインと一緒に実家を訪ねたときも、父の前に出たハセインはたばこも吸わず、緊張しているのが伝わってきた。母の前ではリラックスして普段の顔を見せるハセインが、父に対しては、怖い教師を前にした生徒のようになった。

ハセインは四歳で地元の幼稚園に入ってフランス語の読み書きを学び、六歳で小学校に入学する。一旦、地元の公立校に入ったが、すぐに私立ノートルダム・アフリカ教会小学校に編入した。アルジェで最も裕福な家庭の子供たちが集まるミッション系の学校だった。ここでハセインはフランス人教師から、なまりのないフランス語を学んだ。

理科以外は得意で数学、歴史、地理、フランス語は良くできた。特にフランス語は学年トップだった。成績が良かったため五年生を一ヵ月過ごしたところで六年生に飛び級したほどだ。

半ば自慢を交えたこうしたハセインの話を、私は適当に聞き流していた。人はどうしても自己評価については甘くなりがちだ。ただ、ハセインの場合、子供のころの成績が良かったのはまんざら誇張でもないようだった。ムハンマドは、こう言った。

「先生が話し終わる前に、答えを言ってしまうような子だった。教師に、こう言われた。『この子が将来、大事を成し遂げられなかったならば、それはあなたの責任ですよ』と。そのとき、この子は何か大きなことをするかもしれないと思ったものだ」

キリスト教社会の寛容さ

小学校も高学年になるとハセインは映画の楽しみを知る。アルジェで上映された映画はほとんど観《み》た。

「米国、フランス、イタリア、どの国の映画でも観たよ。おじさんたちが小遣いをくれるので、手当たり次第、観に行ったな」

映画を通し外国への興味を芽生えさせた。銀幕にはイスラムとは異質の社会があった。お気に入りの俳優はポール・ニューマン、スティーブ・マックイーン、ヘンリー・フォンダ、ハンフリー・ボガート。みな米国人だった。

特に印象に残っているのはポール・ニューマンが伝説のプロ・ボクサー、ロッキー・グラジアノを演じた「傷だらけの栄光」(一九五六年)だった。主役に決まっていたジェームズ・ディーンが事故死し、ニューマンが抜擢された映画である。リバイバル上映だった。

もう一つはロバート・レッドフォードがスパイを演じた「コンドル」(一九七五年)だった。米国文学史協会がCIA(米中央情報局)の下部組織だったという設定で、その協会のスパイ(コードネーム「コンドル」）がＣＩＡの暗部を追うスパイ・サスペンスである。

ハセインは十一歳のとき、その後の考えに大きな影響を与える経験をしている。一九七二年、両親とのスペイン旅行だった。行き先は、地中海に浮かぶ小島、マヨルカ。中学入試の成績が良かったため、両親が「褒美」として計画した旅行だった。モノを買い与えるよりも、貴重な体験をさせるべきと考えたのは父ムハンマドだった。

ハセインにとって、初めてイスラム以外の社会を体験した衝撃は大きかった。

「楽しそうに酒を飲み、若者同士が抱き合ってキスをしていた。アルジェではあり得ない光景だった」

マヨルカはかつてイスラムの支配する島だった。レコンキスタの末、十三世紀にキリスト教勢力が島を支配するようになった。ハセインはこの島で、キリスト教社会の寛容を知り、自分たちの住むイスラム社会を相対化して見るようになった。

「特に驚いたのが、セックスとアルコールだった。スペインでは公然と酒を飲んで、男女が抱き合っていた。人々はそれを普通のこととして受け止めている。俺の家ではテレビを見ていて、キス・シーンがあると家族全体がパニックになった。イスラム家庭では、それが当たり前だ。俺は五歳のとき叔母に、『赤ちゃんは、どうやってできるの』と聞いたことがある。そのとき叔母はただ、『黙ってなさい』と言った。この社会では、赤ちゃんの話さえしてはいけないと思ったんだ」

スペイン旅行は「貴重な体験」だったが、やや刺激が強かった。ハセインのその後の生活態度は、親が期待していたのとは明らかに違っていった。中学に入ったハセインは急激に、女性への関心を膨らませた。異性と付き合うことは間違ったことではないと知った。十四歳になると隠れてたばこも吸い始めた。成績が落ちるのは当然だった。

「俺の国には何で自由がないのか」

中学の英語の授業では、つらい経験もしている。ハセインは十八歳ごろまできつい吃音《きつおん》があった。話そうとしても、最初の言葉が出てこない。何とか話し始めても、同じ言葉を何度も繰り返してしまう。

英文を読み上げるよう、教師に命じられ、ハセインは立ち上がったが、英語が口から出てこない。ペーパー試験ではいい成績をとる自信があったが、読むことができなかった。つっかえ、つっかえ英文をなぞるハセインに、教師は言った。

「こんな英語も読めないのか」

ハセインは悔しかった。どうしても他の生徒のようには読めないのだ。教師のさげすんだような目をハセインは今も忘れない。

「いつか、あの教師を見返してやろうと思っていた」

吃音は十八歳ごろからなくなり、今ではほとんど周りから気づかれることはない。確かに私とのインタビューで、最初の言葉を出しにくそうにすることはあったが、それが吃音なのか、じっくりと時間をかけて言葉を選んでいるのか、見分けることはできない程度だった。

ただ、吃音がハセインの心に与えた影響は小さくなかった。ハセインが私に吃音について語ったのは、出会ってほぼ二年半が過ぎたころだった。かなり親しくなってさえハセインは、その経験について打ち明けなかった。吃音について初めて語ったとき、ハセインは照れたような表情をしながら涙目になった。

ハセインが高校に入るころになるとアルジェリアは独立直後の解放感が急速にしぼみ、一党独裁による強権支配が顕著になっていた。高級官僚や党幹部による汚職、腐敗が進み、国民は不満を募らせていた。ハセインは、スペインで体験した自由な空気が忘れられなかった。

「俺の国には何で自由がないのだろうと思うようになってね。恋人と付き合い、酒を飲むのにも後ろ暗さがついてまわった。太陽だけは明るく輝いているのに、社会は暗く閉ざされていた。新聞はアラビア語とフランス語が一つずつ。政府が管理し、記事は政府や党のプロパガンダばかりだった。国民は、スポーツ面以外は信じていなかった」

ハセインは海を眺めては、この向こうにこそ自分の生きる社会があると思った。窮屈なイスラム社会、自由を許さない独裁国家。スペイン旅行で「海の向こう」を知ったハセインは、アルジェでの生活に飽き足りなくなった。高校卒業前にもう一度、スペインを一人で旅した。ハセインはアルジェリアに残ることに未練を感じなくなっていた。

成績が落ちていたこともあり大学には進まず、高校を卒業するとすぐ欧州に渡ることを決めた。一九七九年七月、アルジェから地中海を船でフランス・マルセイユ、そして車でパリ、バスと船を乗り継ぎロンドンへ。自分の生きる世界はアルジェリアよりも大きいはずだといきがっていた。

地中海を渡る船で知り合った女性と一緒にマルセイユからパリに向かった。モンマルトルの丘に建つサクレクール寺院では、可愛《かわい》い英国人女性と知り合い、その女性から、「一緒にロンドンに来ないか」と誘われた。ハセインは初めて、ドーバー海峡を渡った。

「俺はフランス語が話せるからパリは居心地がいい。アルジェリア人も多いため、自分の国のような感じさえする。でも、ロンドンは違った。言葉は通じない。アルジェリア人も少ない。英国人はアルジェリア人をよく知らないから、見下したりもしない。フランスとアルジェリアは難しい歴史を持っているが、英国にはそれがない。だから英国にいることに興奮した。いつかここに住みたいと思った」

英国人女性と仲良くなったハセインは、ロンドンから実家に電話し、女性と一緒にいると父に伝えた。受話器の向こうから父ムハンマドの怒鳴り声が響いた。

「ヨーロッパ人との結婚は許さない。結婚するなら、帰ってくるな」

父は絶対だった。女性と別れ七九年八月末、アルジェに戻った。二ヵ月ほどの貧乏旅行だった。親類からもらった小遣い千三百アルジェリア・ディナールを使い果たした。当時のアルジェリア人サラリーマンの月給の三分の一ほどだった。

仮病で兵役期間をクリア

アルジェに暮らすと、社会の窮屈さに辟易《へきえき》した。ハセインはアルバイトでカネをため一九八〇年夏、またパリに行った。欧州の自由な生活を知ると、アルジェでの暮らしは苦痛でしかなかった。

ハセインがこのとき、パリで世話になったのが四歳年上の幼なじみ、ゾヘール・エマルシである。今はスウェーデン・ストックホルムで暮らすエマルシに、私は何度かロンドンで会った。

「レダ（ハセイン）とは子供のころからの友だちだった。レダには男兄弟がいないから、俺が兄のような存在だったんだ。パリに来たレダに市場の仕事を世話したんだ」

ハセインは市場でアルバイトをしていた八〇年十一月、母から電話を受ける。

「徴兵の連絡が来たから、すぐに帰ってきなさい」

アルジェリアは徴兵制を敷いている。拒否したままではアルジェリアに戻れない。兵役は二年だ。


ハセインはできれば徴兵を拒否したかった。パリでの解放感ある生活を捨てて、兵役に就く気にはなれなかった。しかし、エマルシからも、すぐに帰るべきと言われた。エマルシ自身は父がフランスに長く暮らしたため、フランスとアルジェリアの二つの国籍を持っている。そのため、アルジェリアの兵役を気に掛ける必要はなかった。ハセインは国籍の価値を知った。同じように暮らしていても、国籍によって課せられる義務が違ってくる。

ハセインは八一年一月初め、しぶしぶアルジェに戻り十五日に入隊した。最初の四十五日間で、カラシニコフやロケット推進式擲弾《てきだん》（ＲＰＧ）、手榴弾《しゅりゅうだん》の扱い方を学んだ。こうした訓練には積極的に取り組んだが、単純なトレーニングはさぼってばかりだった。

「ランニングでは海岸沿いを十キロ走って、また、戻ってくる。何で戻ってくるのに、わざわざ向こうまで走る必要があるのかって思った。走っている途中、少しずつ遅れて、すっと海岸に姿を隠す。みんなが戻ってくるまでビーチでくつろぎ、彼らが帰ってきたら、また、その中に加わった」

ハセインは兵役期間を短縮する方策ばかりを考えていた。仲間はほぼ同じ年齢で、多くは地方出身者だった。田舎から出てきた若者は、首都アルジェの生活さえ知らない。ましてやハセインのように欧州の生活を知っている者なんて皆無だった。ハセインは田舎出身の実直な仲間を手なずけ、ボス的な存在になった。

入隊後二ヵ月ほどして、軍幹部宅の警備を担当することになった。肉体的には訓練ほどつらくはないが、睡眠時間がとれない。ハセインは仮病を使おうと思った。入隊直後、知り合いが体調を崩して兵役を免れたことがあったためだ。

ある日の朝、幹部宅の警備が終わったとき、ハセインは大声で、「腹が痛い、痛い」と叫んで、転げ回った。口から泡も吹き出さんばかりの演技をした。軍幹部は慌ててハセインを病院に運んだ。これで仮病に味を占めた。

春になって一週間の休暇があった。ハセインはアルジェの軍病院を訪ねた。知り合いの病院職員に、病気の診断書を作ってほしいと頼んだ。もちろん断られた。ただ、職員から、精神障害なら診断書を出しやすいとアドバイスされた。

ハセインは兵役の緊張から、精神的に疲労がたまっていると軍病院の医師に訴えた。診察中、ハセインは突然、大声を出したり、面白くもないのに笑ったりした。医師は首をひねりながらも、しばらく様子を見ようと、「自宅療養二十八日間」の診断書を作ってくれた。ハセインはこれを軍に提出し、自宅で過ごすことに成功する。

二十八日後にまた、病院に行って「疲れがとれない」と言って、「自宅療養二十八日間」の診断書を受け取る。それを繰り返した。ハセインは八一年十二月十五日、兵役を終えた。兵役期間は十一ヵ月。しかも実際に兵役に就いたのは最初の三ヵ月だった。ハセインはこのとき、精神障害については、診断書が出やすいことを学んだ。そして、ロンドンに暮らすようになったとき、同じ手法で危機を回避したことがある。それは後で述べる。

ジャーナリストに

二年の兵役義務を十一ヵ月で終えたハセインは一九八二年、ロンドンに戻った。二十一歳だった。友人のエマルシがロンドンで暮らすようになっていたため、パリではなくロンドンに向かった。

エマルシの部屋に居候しながらフランス料理店で働いた。暮らしてみてわかったことは、英国には英国なりの窮屈さがあるという当たり前のことだった。生活するとなると旅行者にはわからない現実が見えてくる。英国の場合、それは厳しい階級社会だった。ハセインはアルジェリアにいる限り、中流階級以上の生活が保障されていたが、大学も出ていないアルジェリア人がロンドンで暮らすには、自分を社会の底辺に落とすしかなかった。

身分も不安定だった。エマルシはフランス国籍を持っているため、ロンドンに暮らすことが容易だった。一方、ハセインにはアルジェリア国籍しかないため滞在にはビザが必要で本来、働くこともできない。ハセインはここでもまた、国籍の重さを思い知る。

「数週間、レストランで皿洗いやウェイターをしていた。俺は、このままレストランで働き続けるのかと自問した。それは俺の望む人生ではなさそうだった」

ハセインは祖国に戻って、ジャーナリストになろうと思った。やりたいことを探し、やれそうなことを考えたとき、頭に浮かぶのは父の姿しかなかった。

二十二歳でアルジェに戻り、ジャーナリストになるためアルジェ大学情報学部に入学する。かつて体の中にみなぎっていた欧州に対する異常な熱がすっと冷めているのが不思議だった。ハセインはようやく、欧州と客観的に向き合えるようになった。

そして、八三年からはエルムジャヒド紙で記者修業を積むことになった。昼間は大学で学び、夜は新聞社の調査部で写真、資料の整理をした。ハセインが記者修業を始め、しばらくして編集局長になったのがモハメド・アブデラフマニだった。知的でセンスの光るアブデラフマニを見ながら、いつか自分もこんな記者になりたいと思った。

大学を卒業して正式に記者として採用され運動部でサッカーを担当した。政府は八六年、夕刊紙の発行を決めた。エルムジャヒドの記者のおよそ半数が、夕刊紙オライゾンに移り、ハセインも転籍することになった。

逃げ場を失うアルジェリア人

レダ・ハセインが記者修業を始めて五年ほどした一九八八年十月、首都アルジェで過去にない大規模な反政府デモが起きた。十月四日、デモがアルジェ中心部にまで拡大し、路上でタイヤが燃やされ、青い空に黒煙が立ち上った。翌五日には、集まった若者たちと治安部隊との緊張はさらに高まった。

「シャドリ（ベンジャディード大統領）を殺せ」

デモ隊は口々に叫び続けた。

治安部隊は防弾チョッキを身にまとい、銃を水平に構えていた。若者たちは、催涙弾を吸い込まないよう防毒マスクをつけていた。両者の緊張は発火寸前にあった。

ハセインは当時、夕刊紙オライゾンの運動部記者だった。

「新聞社のバルコニーでたばこを吸いながら下を見ていた。通りはデモ参加者で埋まっていた。オライゾンは政府系新聞だったが俺自身はデモ隊を応援する気が強かった。政府の腐敗に腹が立っていたからね」

緊張が頂点に達したとき、治安部隊の銃声が響いた。若者たちが蜘蛛《くも》の子を散らしたように逃げ惑う様子がバルコニーから見えた。

「逃げろ」

「始まった、始まったぞ」

と叫ぶ若者の声がハセインの耳に届いた。

逃げる若者たちの背中を治安部隊の銃が容赦なく襲った。若者が路上で倒れた。しばらくすると動かなくなった。尊い命が失われた。結局、政府発表で百六十人、市民団体の集計では四百人が死亡した。

社会が混乱する背景には経済不況があった。アルジェリア経済は原油、天然ガスを輸出して得る外貨によって支えられてきた。第一次オイルショック（七三年）と第二次オイルショック（七九年）による原油価格の高騰が、この国の経済を順調に成長させた。

しかし、八六年に潮目が変わった。先進国が省エネ政策を進めたことや石油輸出国機構（OPEC）以外の国が生産を増やしたことで、原油価格が下がり始めた。八六年一月に一バレル二十六ドルだった原油は、その年の八月には七・七ドルとなった。七ヵ月で三分の一以下になる大暴落だった。これがこの国の経済に深刻な打撃となった。市場からものが消え、人々は政府への不満をため込んでいった。

フランスとの血みどろの戦争で勝ち取った独立から四半世紀が経過し、国民の一体感や社会の高揚感はすでに失われていた。かつてフランスへの敵愾心《てきがいしん》で一つになっていた国民の心はすでに、ばらばらだった。独立を成し遂げたアルジェリア民族解放戦線（FLN）幹部たちの腐敗に国民は失望していた。社会は重い閉塞感に包まれ、経済、政治両面で大きな改革が必要なのは明らかだった。

政府はこれまで、経済を活性化させ、補助金をばらまくことで国民の不満を回避してきたが、原油価格の下落でその体力さえなかった。それが政府や与党ＦＬＮへの批判となった。特に仕事のない若者たちの不満は強かった。

ハセインはこの動きを支持していた。自分たち「独立後世代」が声を上げ始めたと思っていた。独立戦争を知らない世代が、独立を成し遂げた旧世代に対し、自由や民主主義を突きつけたと思った。独立を謳歌《おうか》するだけでは満足できない世代が、より開かれた社会を求めた。

「八七年ごろから若者の失業は深刻だった。何とか働き口を確保している者でも給与はカットされ、物価は容赦なく上がった。さらにフランスが入国の際、アルジェリア人にビザを課すようになった。アルジェリア人はそれまで、飛行機のチケットさえ買えばパリに行き、そこでビザを簡単に購入できたのに、それができなくなった。経済が悪化したアルジェリアから移民が流れ込むのをフランスが嫌ったためだ。アルジェリア人は逃げ場さえ失ったんだ」

そうした国民の厳しい状況をよそにＦＬＮ幹部らが特権の甘い汁を吸う状況は変わらなかった。

「輸入品を買えるのはＦＬＮ幹部とつながりのある人間だけだった。俺自身は政府系の新聞社に勤めていたので輸入車のホンダ・シビックに乗っていた。こうした俺でも、若者の怒りには共感したね」

イスラム政党から立候補

アルジェリアの変化は国際情勢とも無縁ではなかった。

ソ連では国内の矛盾が噴出し、一九八五年に共産党書記長になったゴルバチョフが「ペレストロイカ（建て直し）」や「グラスノスチ（情報公開）」によってそれを乗りきろうとしていた。

国際社会の東西対立の構図では、西側資本主義社会の優位は明らかだった。アルジェリアはフランスと独立戦争を戦ったころからソ連を後ろ盾にしていた。八〇年代後半になると、ソ連経済の行き詰まりから、アルジェリアはソ連から支援を受けることが難しくなった。そうした事情がＦＬＮの基盤を間接的に弱めることになった。

八八年十月の衝突で多数の犠牲者が出たことでアルジェリア政府は国際的な非難を受けた。一旦は武力による強硬姿勢に出た政府も、学生を中心とした民主化勢力の要求を受け入れざるを得なくなった。八九年二月、複数政党を認める新憲法案が国民投票で採択され九〇年六月十二日、新しい憲法下で地方選挙が実施されることになった。

社会の変革エネルギーが個人の精神状態や判断に微妙な影響を与えるときがある。複数政党による選挙実施が決まったことでハセインは興奮した。若者たちの体を張ったデモが、政府の姿勢を変えたことに解放感を感じた。自分もこの変革に加わりたいと思った。

ハセインは地方選挙への出馬を決意する。

「政治には本来、大した関心なんてなかった。でもこのときは、改革に参加したいと思ったんだ」

複数政党制への期待の高まりが人々を興奮させた。こうした社会変化に若者は刺激を感じた。二〇一〇年末から一一年にかけてチュニジアで始まり、エジプトなどに広がった「アラブの春」と呼ばれる民主化運動でも同じ現象が起きている。社会が集団的興奮状態に陥り、人々が冷静な判断力を失う。

ハセインの場合も、そうだった。所属政党はイスラム救国戦線（ＦＩＳ）にした。イスラム色の強いこの政党から選挙に出たことが、その後の人生に影響することをこのとき本人は、まったく予想していない。

ハセインは宗教的な人間ではない。イスラムは飲酒を禁じているが、ハセインは赤ワインをうまそうに飲むほどだ。なのに、なぜイスラム政党から立候補したのか。

「アルジェリアを牛耳《ぎゅうじ》り、懐を肥やすＦＬＮに反発する気持ちだけだった。ＦＬＮと関係のない者が選挙に勝つにはＦＩＳから出るしかなかった。勝てるところから立候補しただけだ」

アルジェリアでは独立後、ＦＬＮが唯一の政党だった。フランスとの独立戦争を戦う間、国民は意見の違いを乗り越えＦＬＮに力を結集させた。それが最終的にフランスを追いやり、独立を勝ち取ることになった。この戦争を通じＦＬＮは国の隅々にネットワークを張り巡らせた。それが独立後、この政党の力の源泉になった。

一方、八九年に憲法が改正され政党活動が許されるまで、ＦＩＳは政治的には地下活動さえしていなかった。ただアルジェリアでは独立後、自国の文化、習慣を保護、復活させる運動が始まった。フランス支配下で失われたアラブ・イスラム文化を復活させようという社会運動である。学校でのアラビア語教育が盛んになり、各地のモスクでイスラム教育が行われた。イスラム主義者たちは政治活動こそ控えていたが、こうした文化・教育活動を通じ、社会にしっかりと根を張った組織を作り上げていた。政党を作ればすぐに、全国各地に運動が展開できる基礎があった。

ＦＩＳは選挙中、宗教色を隠した。イスラム信仰心がさほど強くない知識階級、左派リベラル層からの支持も得られるよう、たくみに宗教色を薄めた。多くの市民は、ＦＩＳへの積極的な支持というよりも、「ＦＬＮを懲らしめる」といった意味からＦＩＳを支持する傾向が強かった。ハセインもそうだった。

「多くの市民は、ＦＩＳの本性を知らなかった。アフガニスタンで戦った過激なイスラム主義者のことなんて、国民は知らなかった。イスラムこそが汚職と戦ってくれると信じていた。人々はバーで酒を飲みながらＦＩＳに投票していたんだから。ＦＩＳを完全に誤解していた」

パレスチナでハマスを生み、エジプトでムスリム同胞団を政治の表舞台に押し上げたのと同じ構図が、それを先取りする形でアルジェリアに現れていた。

イスラム指導者に抗議

アルジェリア初の民主的な地方選挙は、一九九〇年六月十二日に行われた。開票が進むに従いＦＩＳの地滑り的な勝利が明らかになった。ハセインもアルジェ市ライアミドゥ地区で当選した。ジャーナリストとしてはただ一人の当選者だった。ＦＩＳの勝利は国民の意思の反映だった。ただ、「ＦＬＮを懲らしめる」にしては、ＦＩＳを勝たせ過ぎた。大勝という結果を受け、ＦＩＳは国民から「白紙委任」されたと考えた。イスラム教に従った社会作りを国民が求めたとＦＩＳは信じた。

「選挙翌日さっそくＦＩＳが会合を開くことになった。知らせを聞いて驚いたのは、会合場所がモスクだったことだ。政党の会合をモスクで開くのは本来、おかしいはずだ」

モスクでの会合にハセインは、ＦＩＳの本質を見たように思った。それはイスラム教に従った政治である。ＦＩＳはそれを徹底するつもりなのかもしれないと感じた。

党に抗議しようとハセインは思った。しっかり主張しておかないと宗教が政治に介入するのが当たり前になる。ハセインはＦＩＳ創設者のアッバシ・マダニに直接会って、自分の考えを伝えようと思った。

マダニは一九三一年生まれ。ロンドンで博士号を取得しアルジェ大学で教鞭《きょうべん》を執ったこともある。自宅はアルジェ高台の高級住宅地にあった。ハセインはアポイントをとることもなく、ホンダ・シビックでマダニ宅に向かった。ＦＩＳを率いるマダニとはどんな人物か、自分の目で確認したいとの思いもあった。ＦＩＳは当時、穏健なイスラム主義政党と考えられていた。

イスラム主義とは、シャリア（イスラム法）に従った統治体制を通して、イスラムの実践を目指す運動である。二十世紀初頭にエジプトで起こった社会・政治運動で、中東諸国では世俗派の独裁主義政権から弾圧を受け続けている。イスラム主義者の中には、選挙や慈善活動を通してイスラムを実践しようとする穏健派と、武装闘争を経てシャリア適用を目指す過激なイスラム主義者がいる。

アルジェリアではＦＩＳが穏健派イスラム主義、そして、ＦＩＳから分かれて武装闘争に入る武装イスラム集団（ＧＩＡ）が過激派イスラム主義に当たるだろう。

ハセインがマダニ宅に入ると、赤いひげの目立つマダニは、両腕を大きく広げ歓迎した。選挙での圧勝に興奮さめやらぬ様子だった。

周りには支持者が六、七人集まっていた。それぞれが、これからのアルジェリアのあるべき姿について勝手な主張を繰り返していた。

「すぐにでも酒場を閉鎖すべきだ」

「女性にはヘジャブ（イスラム教徒の女性が頭髪を隠すスカーフ）着用を義務づける必要がある」

選挙前なら、すぐに刑務所送りになるような発言だった。選挙の勝利でＦＩＳが、国民の真意をくみ取ることなしに、自分たちの思う社会創りができると浮かれているようにハセインは思った。

「支持者たちを見てすぐに、アッバシとは一緒にやっていけないと思った。まるで（イスラムの生まれた）七世紀の世界から来たような男たちだった」

マダニはアルジェリアの将来に大きな影響を与えることになるイスラム指導者である。ハセインはこの赤ひげの男に、自分がモスクでの会合に反対する考えを伝えた。マダニは静かにそれを聞くと、最後に大きくうなずいた。

「君の言うことはわかった」

そして、しばらくの沈黙のあと、こう続けた。

「近々、総選挙が行われる。そのとき、君を国会に送ろう。君は国会議員になるんだ。それでいいだろう」

ハセインにはマダニのいたずらっぽい表情とビーズのように光る瞳が妙に印象に残った。思うままにアルジェリアを動かせると自信を深めている目だった。マダニの言葉の端々から、ハセインを必要としていることが伝わってきた。次の総選挙に向け、FISには人材が不足していた。ハセインがFIS当選者の中でただ一人のジャーナリストだったためマダニは、ハセインを利用価値ありと判断したようだ。

会談の雰囲気は柔らかかった。ただ、話はかみ合わなかった。マダニは会合をモスクで開くことについては何の答えも示さなかった。宗教で政治を動かすことに、何の疑問も抱いていなかった。ハセインは自分の求める祖国と彼が導こうとしているアルジェリアが異なっていると確信した。

「自分の考えを自由に主張できる国、俺の考えていたのはそんなアルジェリアだった。信仰についても自由がほしかった。政治は、モスクからも、教会からも、そしてシナゴーグ（ユダヤ教礼拝所）からも距離を置くべきだった」

失望し出国、パリへ

ハセインはFIS幹部の一人、ハーリド・ブシャメルにもイスラム色が強くなりすぎていると抗議した。しかし、返ってきたのは、「お前は軍の人間か」と非難する言葉だった。FISへの期待はしぼんだ。アルジェリアを変えるためにFISを利用したつもりだったが、利用されているのは自分の方だった。FISに期待した自分が愚かに思えた。

失望したハセインは、アルジェリアを出ることを決意した。オライゾン紙幹部にしばらく休職することを告げ、選挙から三日後の六月十五日、アルジェを離れた。

「両親も反対しなかった。父は、『行きなさい』と言った。父はフランスとの独立戦争を生き抜いた経験から、アルジェリアが危ない道を歩み始めていると感じていたのかもしれない」

選挙から三日後の出国とは、あまりにも早すぎる。ハセインは困難に直面すると、その状況から逃げる性癖がある。困難を克服するよりも、回避する道があるなら、それを追求する。逃げ場のない状況では、それに向き合うのだが、まずは逃避の道を探る。それがハセインの思想だった。

ハセインが向かったのはパリだった。一九八六年から八八年までハセインは毎年、夏期休暇でこの街を訪れ三週間ほど滞在していたため知り合いも多かった。パリで五日ほどゆっくりしたあとストックホルム、コペンハーゲン、ブリュッセルを小旅行し、パリに戻った。選挙当選の興奮やその後のFISへの失望を、頭の中からきれいに洗い流した。しばらく祖国の政治とは距離を置くつもりだった。

パリ十七区カルディネ通りのホテルで暮らしながら職を探した。パリにはアルジェリア系の知人も多く仕事にありつくのは難しくない。ただ、就労ビザを取得するのは容易ではない。

「こういうときのやり方も、ちゃんと知人が教えてくれる。まず、フランスに政治亡命を申請した。アルジェリアは混乱の気配があるので亡命を希望する。もちろん亡命は認められない。ただすぐに送り返すこともできないので一年間に限って労働が許される。亡命はさせないが、一年間は働いてもいいということになる。その許可証を持って国民保険番号をとると、堂々と働くことができる。こうした抜け穴にかけては、みんなよく知っていた」

ハセインは知り合いの紹介で運送会社のドライバーになった。朝五時に起床して同僚と一緒に倉庫に行き、注文された家具を積み込み、それを配送する。チップだけで一日一万円ほどになった。

パリでの暮らしが何とか軌道に乗り始めた矢先、ハセインを取り巻く状況が変わる。アルジェリアの地方選挙から一ヵ月半後の一九九〇年八月二日、サダム・フセイン率いるイラク軍が突如、隣国クウェートに侵攻したのだ。

これに憤った米国は、イラクにクウェートからの即時撤退を求め九一年一月、イラク空爆に踏み切った。東西冷戦が終結し、ソ連という後ろ盾を失っていたイラクの国際的孤立は明らかだった。

欧米社会のフセイン政権への憤りは、一部でアラブ系住民への偏見を助長した。ハセインはアラブ人ではない。北アフリカの先住民族ベルベル人である。ただ、フランス人からすればアラブ人とベルベル人の区別はつかない。

「アラブ人やイスラム教徒を怖がるような風潮が社会に生まれていた。勤めていた会社のユダヤ人オーナーに言われたんだ。アラブ人との契約を解除する、と。俺はアラブ人じゃないけど、誰もベルベル人だと認識してくれなかった」

解雇されたハセインは九一年三月、仕方なく祖国に戻った。

再びジャーナリストとして

アルジェ市内では、米英軍によるイラク侵攻を非難するデモが起きていた。クウェートを解放するためにイラクを攻撃した多国籍軍には、エジプトなどアラブ諸国も加わっていた。だからこの戦争は、「イスラム対非イスラム」の構図ではくくれない。しかし、過激なイスラム主義者にはそうした理屈は通用しない。彼らの思考では欧米の仕掛けた攻撃は常に、イスラムへの挑戦なのだ。

パリから帰国したハセインは再び夕刊紙オライゾンに戻った。働いてみて気づいたことがあった。新聞社の中に軍の諜報機関と関係のある人間が入り込んでいることだった。地方選でのＦＩＳ勝利後、イスラム主義者への警戒を強める軍が、協力者（スパイ）を潜伏させていたのだ。

「ＦＩＳにも絶望したけど、政府やＦＬＮのやり方にもむなしさを感じた。メディアの監視に諜報機関を使うのは共産主義国のやり方だ。どうして欧州のような自由なメディア活動ができないのかといらだったよ」

政府系新聞社では、思うような仕事ができないと感じたハセインは、自分で新聞を発行することを計画する。アルジェリアでは民主化を求める動きに押される形で一九八九年、新憲法が制定され新しい新聞発行が容易になっていた。

ハセインが幼なじみのジャーナリスト、オットマン・ウディーナとともに作ったのは地域の週刊紙イシ（フランス語で「ここ」の意味）・アルジェだった。

刷り上がった第一号ゲラを見るハセインの姿を撮影した写真がある。右手にたばこを持ち、仲間とともに一面の紙面に見入るハセインの表情は真剣そのものだ。自分たちの考える新聞を作ろうという静かな意気込みが伝わってくる。

さらにうれしいことにイシ・アルジェ発行過程で、ハセインは将来の妻、ミミ・シドウムに出会う。九一年九月、人員不足を補うため記者を募集したところ、応募者の中にあか抜けた女性がいた。それがミミだった。

ミミは一九六六年生まれ。ハセインよりも五つ下のベルベル系住民だった。明るい性格で現在、ロンドンで女性の権利擁護団体に勤務している。ミミはイシ・アルジェ初の女性記者になって社会問題を担当し、数週間後、二人はボスと部下という関係を越えて恋に落ちる。

ハセインは自分が考える紙面を作れることに面白みを感じていた。ただ、経営は困難を極めた。

「アルジェリアでは当時、あらゆる企業がFLNと関係を持っていた。新しい新聞に広告を出す会社なんてない。しかも、FISから立候補したことのある自分が作った新聞に広告を出す人間なんていなかった。すぐに現実を知ったよ」

イシ・アルジェは十二号を発行した時点で経営が行き詰まる。

アルジェではもはや、やるべきことが見いだせなかったハセインは九一年十二月、再び単身パリに渡った。アルジェリアで多党制になって初の国政選挙（総選挙）が実施されるのはその直後、十二月二十六日だった。

こうやってアルジェとパリを行き来し、根無し草のように居場所の定まらない当時のハセインを家族はどう考えていたのだろう。母バヒアは私に、こう言った。

「アルジェを離れるときには、正直ほっとしました。八八年ごろから社会が混乱していました。外国にいるほうが安全だと思っていました」

バヒアはフランスとの独立戦争の混乱を体験している。兄のムスタファ（二〇一二年に七十八歳で死亡）は地下活動に携わったことからフランス軍に逮捕され、ひどい拷問を受けている。国家権力の怖さと、それが弱体化したときの混乱の危険を知っているバヒアは、息子が外国に行くことを願うようにさえなっていた。

テロ活動に乗り出すイスラム主義者

ハセインはアルジェリア総選挙の結果をパリのテレビで見ていた。心は冷めていた。祖国が下り坂を滑るように転落していくのがわかっていた。

結果はすでに見えていた。FLNがどうあがこうとイスラム政党FISの圧勝は揺るがなかった。一九九一年十二月二十六日の第一回投票（二百三十二議席）でFISは百八十八議席を獲得して圧勝した。FLNは十五議席にとどまった。第二回投票（百九十八議席）は翌一月に予定されていた。この選挙でFISが国政を完全に掌握するのは明らかだった。

しかし、軍はあろうことか、「禁じ手」に打って出る。翌年一月十一日、ベンジャディード大統領を辞任させると、権限を最高国家評議会に移し、間近に控えていた第二回投票の中止を発表したのだ。軍事クーデターだった。

軍はすぐに、モロッコに亡命していたムハンマド・ブーディアフを帰国させて最高国家評議会議長に据え、翌二月に非常事態を宣言した。

寒さつのるパリで祖国の混乱を見つめながらハセインは、アッバシ・マダニを訪ねたときのことを思い出した。マダニの瞳は、アルジェリアを手に入れたような高揚感を放っていた。彼の取り巻きは、七世紀の世界から抜け出てきたような者ばかりだった。彼らが軍事クーデターをどう考えているのかを思うと、ハセインにはアルジェリアの将来がまざまざと浮かんできた。

「FISにまともな政治ができるはずがない。だから俺は軍によるクーデターを支持していた。ただ、アルジェリアが奈落《ならく》の底に落ちることはわかった。FISの連中が、クーデターを黙って受け入れるはずがなかった」

当時、アフガニスタンの混乱が深まり、世界には、過激なイスラム教徒を支援するネットワークができていた。FISが武器を持って地下活動に入るのは明らかだった。

クーデターで選挙を止めた軍部は九二年三月、FISを非合法化した。マダニなどFIS幹部は次々と逮捕され、アルジェから遠く離れたサハラ砂漠の拘置施設に移送された。ハセインは言う。

「FISにしてみれば、サハラ行きを覚悟するか、テロで対抗するか。それしか選択肢はなかった。武装闘争しか彼らの生きる道はなかったんだ」

結局、マダニらは九〇年代終わりまで、自宅軟禁状態に置かれた。マダニは軟禁の解けた二〇〇三年、カタールに逃げた。

パリに暮らすハセインにとっての心配は、アルジェにいるミミのことだった。早々に結婚して、パリで一緒に暮らしたいと思っていた。

九二年六月二十九日、パリの自宅で食事をしながらアルジェリアからの衛星放送を見ていた。ブーディアフ議長（大統領）が、北東部のチュニジア国境に近い街アンナバでの集会に出席していた。生中継のテレビ画面が突然、混乱した。ハセインには、何が起きたのかわからなかった。しばらくすると臨時ニュースが流れ、ブーディアフが軍の将校に暗殺されたと伝えていた。

「ついに始まった」

とハセインは思った。暗殺犯は軍の中にいたイスラム主義者だった。逮捕後、この男は、「イスラム主義者への同情が暗殺の動機となった」と説明した。イスラム主義者が本格的にテロ活動に乗り出した。手始めに狙ったのが時の政権トップだった。アルジェリアは長い内戦に突入する。

ただ、国際社会の関心は低かった。その後、アルジェリアが泥沼の内戦にはまり込むことを予想した者はほとんどいなかった。八九年の冷戦終結と九一年のソ連崩壊で国際社会の力関係が根本から変わり、旧ユーゴスラビアではすでに紛争が始まっていた。この欧州域内の紛争に欧米の関心は集中していた。結果的に旧ユーゴスラビア紛争は九一年のスロベニアの独立宣言から二〇〇一年のマケドニア紛争まで十年間に及び、多大な犠牲を出す。アルジェリア内戦の時期はまさに旧ユーゴスラビア紛争に合致している。アルジェリア内戦は十五万人の犠牲者を出したにしては、国際社会の関心が薄い戦争になった。そして、この内戦で、イスラム過激派テロリストたちが欧州を含め、各地に拡散していったことに世界が気づくのは、米同時多発テロを待つしかなかった。

自宅で襲撃される

大統領暗殺でアルジェの混乱を嗅ぎ取ったハセインは、何をおいても結婚を済ませようと思った。一九九二年八月八日にアルジェに戻り、十二日にミミと結婚した。ハセインの三十一歳の誕生日だった。婚姻登録を済ませると翌十三日、二人でパリに帰った。アルジェ滞在は六日間。披露宴も開いていない。なぜ、そんなに急ぐのか。ミミの両親は理解できない様子だった。ただ、ハセインには祖国の転落が予想できた。ごろごろと音を立てて崩れ落ちるこの国から、ミミを救うことが何より重要だった。

ハセインはパリでアルジェリア人向け新聞を発行する計画を立てた。パリには大きなアルジェリア人コミュニティがある。祖国は混乱を極め、誰もがその情報をほしがっている。しかも、欧米人の視点でなくアルジェリア人の視点で報道した記事を必要としているはずだった。

九二年夏から九三年初めにかけ、ハセインは新聞発行準備に奔走した。資金のめども立った。フランス当局とのやりとりも終え、スタッフを募集した。アルジェリア人約二十人が働きたいと言ってくれた。

九三年二月三日には会社の法人登記も済ませた。会社名をフレンチ・マグレブ・プレス社とした。六月になると週刊紙マグレブ・エドゥを発行するための最終準備に入った。狭いながら事務所も借りた。第一号の発売は六月十五日と決まった。すでに記事も書き上げ、あとは新聞の刷り上がるのを待つばかりだった。

第一号発売を六日後に控えた六月九日深夜だった。ハセインが自宅でくつろいでいると突然、若い男たちが自宅に侵入してきた。

「誰かがノックした。ミミがドアを開けると、三人の男が妻を突き飛ばし、俺にナイフを突きつけた。アルジェリア人だった。必死に抵抗した。ミミの叫び声に近所の人が気づいた。男たちは逃げていった。殺すつもりはなく、怖がらせようと思ったようだ」

すぐに警察が来た。ハセインは病院で治療を受けた。顔と頭に切り傷を負っていた。このときの診断書は今もハセインの手元にある。

翌日、ハセインがフレンチ・マグレブ・プレス社の事務所に行くと、コンピューターや取材用のテープなどがこなごなに壊されていた。男たちの目的は新聞の発行を止めることだった。

一体誰が襲ったのだろうか。なぜ新聞発行を止めたがっているのか。ハセインには心当たりがなかった。ただ、ハセインは自分を襲った三人のうち一人の顔に見覚えがあった。アルジェリア軍で見たことのある男だった。

「襲ったのは軍なのか。自分をＦＩＳの活動家だと思っているのだろうか」

ただしブーディアフ議長暗殺でもわかる通り、軍の中にも過激なイスラム主義者が入り込んでいる。襲った連中がイスラム主義者である可能性も捨てきれなかった。軍とＦＩＳはともに、新聞が自分たちに都合の悪いことを書くことを極度に恐れている。

事件後すぐ、ハセインはアパートの大家から立ち退《の》きを迫られた。これ以上、暴力事件が起きて迷惑を被ることを心配したのだろう。

アルジェに帰るのは避けたかった。今、ジャーナリストがアルジェに戻ることは、急な崖《がけ》を転げ落ちる石の前に身を置くのに等しかった。自分一人ならパリで何とかやっていけると思っていた。ただ、問題があった。ミミが妊娠していたのだ。ただでさえ慣れない土地で出産することに彼女は不安を感じていた。そのうえ夫が襲われるところを目撃したミミのショックは察してあまりあった。ミミのためにはアルジェに戻って実家の助けを借りるしかなかった。

ハセインは九三年七月、ミミを連れアルジェに戻った。そこはイスラム過激派と軍による内戦が始まったばかりの、焦げるように熱い太陽の街だった。

殺害宣告

アルジェに戻ったハセインは実家で、妻と一緒に無為な時間を過ごした。理想の新聞を作ろうと思っていた夢が、暴力によって粉砕されたことのショックは大きかった。何もやる気が起こらなかった。

一九九三年十二月初め、ハセイン宛てに電話があった。

「お前を殺害する」

相手は短く言って電話を切った。パリで襲撃された後だけに、単なるいたずらとして片付けることもできなかった。アルジェリアではジャーナリストを狙ったテロが発生し始めていた。警察に相談すると、しばらくして捜査員がやってきた。ハセインはイスラム過激派テロ組織のGIAが声明を発表したことを知らされた。それは、マグレブ・エドゥ紙の創設者とそこで働くすべてのジャーナリストをクリスマスまでに殺害すると宣言していた。

警察はロンドンに住む過激なイスラム指導者、アブ・カタダがすべてのアルジェリア人ジャーナリストを殺害するファトワ（宗教令）を出したことも明かした。アブ・カタダは三ヵ月前にヨルダンからロンドンに渡ったばかりで、ハセインには聞いたことのない名前だった。この男とこれから長く付き合うことになるとは考えてもみなかった。

アルジェリアでは、軍に対するイスラム主義者の怒りがふつふつと湧《わ》いていた。軍が前年、イスラム政党の勝利した選挙を無視して、クーデターで権力を握ったためだ。さらにイスラム政党FISの幹部が次々と逮捕されたことで、世界のイスラム主義者がアルジェリア軍への怒りを共有していた。

旧政権時代、ジャーナリストは自由な政府批判を禁じられていたため、市民から政権の宣伝機関と位置づけられていた。クーデター後もイスラム主義者たちは、ジャーナリストを「軍のお先棒を担ぐ御用記者」と考えていた。アブ・カタダがジャーナリスト殺害を命じるファトワを出したのも、この延長上にあった。

ハセインは自分の警護について警察とやりとりするうちに何人かの警察幹部と親しくなった。ある日、警察本部でフリー・ジャーナリストのヤシン・メルゾグイに会った。かつて、夕刊紙オライゾンで一緒に働いたことのある契約記者だった。特に親しい間柄ではなかったが、サッカーの記事でやりとりした記憶が、ハセインにはあった。

警察で顔を合わせた際、メルゾグイは、「なぜアルジェにいるのか」と問うてきた。パリで新聞発行を計画していたが襲撃された経緯をハセインが説明し、「帰国せざるを得なかった」と言うと、メルゾグイは同情を示した。ハセインはなぜ、彼が警察にいるのだろうと不思議に思いながらも、さほど深く考えなかった。彼の本当の姿を知るのはしばらくしてからだ。このときはただ、メルゾグイが「最近、ストックホルムに行ってきた」と言ったのが記憶に残った。

スパイ人生のスタート

一九九四年二月八日には待望の長男が生まれ、サリムと名付けた。ハセインとミミ、それぞれの家族はみな、長男の誕生を祝ってくれた。ただ、テロがアルジェの街から活気を奪い、人々の顔には暗い影が差すようになっていた。

サリムの首がすわり、周りに興味を持ち始めた七月二十九日、アルジェの警察本部からハセインに呼び出しがあった。イスラムの金曜集団礼拝の日だった。

ハセインはこのころ、懲りずにアルジェで自分の新聞を発行できないかと考えていた。長男も生まれ、パリで受けたショックをいつまでも引きずるわけにいかない。家族を養う必要がある。自分にできることと言えば、新聞ビジネスしかなかった。

すでにメディアを管轄する情報省に許可を申請していた。警察からの呼び出しはそんなときだった。新聞発行を許可すべきかを判断するため、警察は自分の身辺について聴取するのだろうとハセインは考えていた。

イスラム社会での金曜は日本や欧米での日曜に当たる。銀行や役所は営業や業務を休んでいる。ハセインは「呼び出すにしては妙だな」と思った。しかし、内戦下のアルジェリアではすでに常識では考えられないことが起きていたため、さほど気にも留めなかった。この日がハセインにとって、後々までも重い意味を持つようになろうとは露ほども考えていなかった。

午前九時半ごろ、警察本部前の喫茶店でエスプレッソを飲んでいると、知り合いの公安警察幹部、ムハンマド・サントジが小柄な男と一緒に入ってきた。昨年暮れに会ったヤシン・メルゾグイだった。

ハセインはたばこを吸いながらサントジ、メルゾグイと三人で雑談した。約束の午前十時になった。ハセインは腰をあげ、店を出た。サントジに案内され、大通りをゆっくりと渡った。メルゾグイがついてきたので、「おかしな男だな」と思った。

警察本部を入ったところで身体検査を受けた。部屋に案内されると後から、メルゾグイが入ってきた。ハセインは不思議に思った。

「これから新聞発行の許認可の話をしようというのに、なぜこの男が入ってくるんだろう」

部屋には机をはさんで椅子《いす》が二脚あった。ハセインが一方に座ると、向かいの椅子にメルゾグイが腰掛けた。このとき初めてハセインに嫌な予感が走った。予想外のことが起きるのかもしれない。

メルゾグイはハセインとほぼ同じ年齢だった。アルジェリア東部の出身。茶色い肌に短いくせ毛。鼻の下にひげをたくわえている。この小柄な男は突然、こう切り出した。

「レダ（ハセイン）、お前はとてもラッキーな男だ」

ハセインは目の前の男が何を言っているのか理解できなかった。

「どういう意味だ」

「警察はお前を逮捕しようとした。それは知っているな」

メルゾグイの口調は変わっていた。

以前、アルジェ以外でスポーツの試合があるとき、オライゾン紙は契約記者のメルゾグイに応援を求めた。あくまで臨時雇いの記者である。社員記者であるハセインがメルゾグイを使う立場にあった。それが今、メルゾグイは教師が教え子に注意を与えるような態度をとっている。口調の変化にハセインは、目の前の男は軍か警察の協力者なのかもしれないと思った。ジャーナリストは仮の姿だったのか。だったら何の目的で俺を呼び出したのだろう。いったい、この男は誰の指示で、俺の前にいるのか。何が起きているんだ。ハセインの頭は、嵐の中の風車のように高速回転した。

メルゾグイは恩着せがましく、こう言った。

「警察（の逮捕）を止めてやったのは俺だ。『あいつは悪いやつじゃない』とな」

「バカなことを言うな。何で俺が逮捕されるんだ。何をやったというんだ」

「アルジェ国際空港の爆破を計画したのはお前だと警察は考えている。ＦＩＳからの命令を受け爆破を計画したのだと」

　メルゾグイの言う空港爆破事件とは二年前の九二年八月二十六日に発生したテロだ。アルジェ国際空港に仕掛けられた爆発物が爆破し九人が死亡、百人以上が負傷した。空港労組内のイスラム主義者がＦＩＳメンバーを手引きして空港内に爆発物を仕掛けたと考えられていた。その後、アルジェリア治安当局がＦＩＳメンバーを逮捕している。

　ハセインにはまったく心当たりがなかった。完全な言いがかりだった。空港爆破の二週間前、ハセインはアルジェでミミと結婚し、すぐにパリに帰った。アルジェに滞在したのはたった六日間である。ただ、外から見れば、披露宴もせずにとんぼ返りしたことはむしろ怪しいとも言えた。火のないところでも、無理やり大きな煙をあぶり立てるのがアルジェリア軍や警察のやり方だった。ハセインはその後、それを痛いほど思い知る。

「ヤシン（メルゾグイ）から言いがかりを付けられたときは、バカなことを言っていると思った。あまりにも無茶な主張だったが、よくよく考えると、俺を過激なイスラム主義者に仕立てようとすれば、できないこともないと思った。ＦＩＳから選挙に立候補している。アルジェリア軍がテロの親玉と考えているアッバシ・マダニに会っている。そのアッバシからは総選挙への立候補も打診されている。軍のクーデター後、外国に逃亡した。しかも、空港爆破テロの直前にアルジェを訪れ、結婚披露宴さえ開かないままパリに帰った。状況だけを見ると、テロとの関係を疑われても仕方なかった」

　ハセインは考えた。メルゾグイの目的は自分を脅すことなのか。とすると何が目的なんだ。何のために、この男はこんなでたらめを言ってくるのか。メルゾグイの声が耳に届くが、ハセインの頭は別のことを考えていた。この男の目的を探ることと、一刻も早くここから逃れることだった。ハセインは困難に直面すると、まずは逃避することを考える。

このときもメルゾグイを殴り倒して、逃げようかと思った。しかし、場所が最悪だった。内戦下の警察本部は、逃亡するには最も向かない場所だろう。自分はすでに、かごの鳥だった。しばらく話し続けたメルゾグイの口調が少し柔らかくなった。口元には笑みも浮かんでいる。

「ロンドンでやってもらいたい仕事があるんだ。お前は英国のビザを持っている。そのお前にぴったりの仕事なんだ」

メルゾグイはハセインに、アルジェリア内務省の諜報機関「研究・保安部（DRS）」の工作員になるよう持ちかけたのだ。具体的な任務はわからないが、メルゾグイの口調から、アルジェリアからロンドンに逃げたイスラム主義者の動向を探れということのようだった。ハセインが諜報機関への協力を提示されたのはこのときが初めてだった。これから二〇〇〇年四月まで断続的に約五年九ヵ月続く、スパイ人生のスタート地点がこの警察本部での言いがかりだった。

アルジェリアの諜報機関DRSがハセインに目を付けたのはなぜか。FISのメンバーとして選挙に立候補した過去から、ハセインならイスラム過激派に疑われることなく内部に潜伏できると考えたのだろう。しかも、表向きはジャーナリストの顔もできる。

ハセインは提案をきっぱり断るつもりだった。スパイへの興味は、映画の世界だけだった。自分が足を踏み入れるなんて考えたこともなかった。諜報の世界にも、そしてイスラム主義者とも、関わる気はさらさらなかった。

「そんなことできるわけない。……。いったいお前は何者なんだ。ジャーナリストなのか警察官なのか」

「どちらでもない」

メルゾグイは短く答えた。

「誰が俺に工作員になるよう命じているんだ」

ハセインの問いに、メルゾグイは小さくほほ笑むと、声を落としてささやいた。

「グリーン（軍）だ。ブルー（警察）じゃない」

アルジェリアの治安機関では制服の色から軍をグリーン、警察をブルーと呼ぶ。工作員になるよう命じたのは軍であると、メルゾグイは明かしたのだ。

「自分は死んだ」

内戦下のアルジェリアでは、警察と軍が協力して国内の治安対応に当たっていた。警察本部には多くの軍人が入り、警察の集める情報を共有していた。ＤＲＳは本来、内務省の諜報機関だが当時、情報は軍に上がっていた。事実上、軍がＤＲＳを監督していた。

軍の権力は警察を圧倒し、警察の情報はすべて軍に上がる一方で、軍の秘密活動は警察に知らされない。治安を乱す者に対し警察は逮捕権で対応するが、軍は秘密裏に連行し、その後、どう処理するのかすらわからない。警察の権力は法によって制限されるが、軍の力は無制限である。メルゾグイが「グリーンだ」と言ったのは、「自分たちは何でもできる」ということに等しかった。

ハセインにとってスパイは、自分とは関係のない別世界の話だった。提案をきっぱりと断りたかった。しかし、国軍は秘密工作を知った人間をそのままにしておくだろうか。この仕事を断ることは、自分の命の綱がぷつんと切れることを意味するのかもしれない。当時アルジェリア軍にとって、ジャーナリストの命を奪うことは、興味のない番組をやっているテレビのスイッチを切る程度に簡単なことだった。つまりこれは提案でなく命令と考えるべきだろう。軍の命令に背いた者はある日、道ばたに遺体をさらすだけだ。

軍が罪もない市民の命を奪うはずがないと考えるのは、シビリアン・コントロールの確立した国でのみ通用する話である。当時のアルジェリアのような国にあって、それを期待するのはあまりに世間知らずで幼稚な思考だった。アルジェリアは混乱の真っただ中にあった。国軍や警察、そしてイスラム武装勢力によって毎日のように人の命が奪われている。政府はすでにまともな統治能力を失っている。

国会が止まって国民による監視が機能せず、司法が止まって法によるチェックも期待できない国において、軍はまさに暴力装置そのものである。クーデター後のアルジェリアでは、人権や正義なんてものは絵に描《か》いた餅以下だった。スパイとして働くか、それを拒否して自分の命を危険にさらすか。答えは一つしかなかった。

ハセインは自分の命を救うことを優先すべきと考えた。ただ、すぐに「はい、やります」と答えることもできなかった。もう一人の自分が、何とかこの状況から逃れる方法はないかと問いかけてきた。混乱して答えが出なかった。のどが渇いた。頭の中では、次に起きそうなことが次々と浮かんでは消えた。映画の予告編を早回しで観ている感じだった。落ち着こうと思っても、そのフィルムは止まらない。

メルゾグイが「ストックホルムに行った」と言っていたことを思い出した。ストックホルムはアルジェリアのＧＩＡがニュースレターを発行している都市だった。ＧＩＡはＦＩＳの武装強硬派たちにより設立されたテロ組織だった。メルゾグイとストックホルムが一つの線でつながった。目の前の男は、軍の工作員として、ストックホルムでＧＩＡの活動を探っていたのだろう。

アルジェリアの研究・保安部（ＤＲＳ）のスパイになって、ロンドンでイスラム過激派を監視した場合、自分にどんな危険があるだろう。ＧＩＡのメンバーになりきらねばならないのだ。連中は自分を信用するだろうか。もしも、スパイ活動がばれた場合、どうなるのか。断った場合、家族はどうなるのだろう。妻は、そして息子は。提案を受け入れ、スパイになっても、そして、それを断っても、自分の命が危険にさらされることだけは確かだった。

メルゾグイはハセインの沈黙を迷いと捉《とら》えたようだ。さまざまな条件を出して懐柔してきた。自分たちに協力するなら、アルジェリアで新聞を発行できるよう資金、許認可の両面で協力すると提案してきた。

「やつらに協力して、いいスパイになってほめられるか。それとも危険覚悟で提案を断るか。断った場合、俺が二日か三日、生きながらえることは誰も保証できなかった。アルジェリアではこう言うんだ。『死んだ男が、墓掘り男の腕の中でできることはない』。俺は彼らの組織にすでに搦め捕られていた。墓掘り男の腕の中にいたんだ」

ハセインは協力を約束した。メルゾグイは改めて連絡すると言った。

警察本部を出ると太陽が真上から照りつけてきた。警察内が冷えていたのだろう。顔に絡みつく空気が熱く感じられ、ハセインは自分の影がやけに小さく見えた。時計を見ると正午過ぎだった。警察にいたのは約二時間だった。永遠のように感じる二時間だった。このときの思いについてハセインはこう語る。

「自分は死んだと思った。死んで新しい世界に入った。それは、誰も信じられない世界だ。父にも母にも妹や妻にも、自分が何をしているのか悟られてはならない世界だ。信じていた友人を疑ってかかる必要のある世界だった」

この日からの約三週間、ハセインは人生で最も苦しい時間を生きることになる。

ピースにはパズルの全体像が見えない

ハセインは迷っていた。メルゾグイを信用していいのか。自分は罠《わな》にはまっているのではないのか。メルゾグイがＧＩＡとの二重スパイだったらどうなる。自分がスパイとしてロンドンに行くことを承諾したという情報が、ＧＩＡに流れているのではないか。疑心が新たな疑心を生んだ。スパイの世界に身を置くことは、自分以外の誰も信用できないことを意味する。

「誰を信じていいのかわからなかった。道を歩くと、向こうから来る男が、自分を殺害するために近づいて来るのではないかと思えた。車が近くに止まったら、それが爆発して自分の体を粉々にするのではないかと疑った。妄想に悩まされた。俺は明日も生きていられるだろうかと考えていた」

ロンドンのレストランで酒を飲みながら、こうした話を聞いていた私は、ハセインの思い込みが激しすぎるのではないかという気がした。だが、当時のハセインの心境を、平和なロンドンで推測することに無理がありそうだった。アルジェリアは当時、内戦下にあった。十年で約七十人のジャーナリストが殺害された世界だった。記者たちは、きょうも生きて帰れるだろうかと考えながら家を出ていた。諜報機関への協力を命じられたハセインも、同じ気持ちで生きていたのだ。

メルゾグイからの次の電話は一九九四年八月六日にあった。ハセインは翌朝、アルジェ中央郵便局前でメルゾグイに会った。ジーンズに薄い青のTシャツを着た小柄な男は、静かな笑みを作ると無言のままハセインの腕をとって郵便局向かいの喫茶店に入った。この店がこれ以降、二人の待ち合わせ場所になる。

「一時にムスタファ病院に行って、ある男に会ってもらう」

ハセインはきょうの午後とはえらく急だと思った。

「その男から現金を受け取れ。GIA指揮官に渡るはずの資金だ」

メルゾグイは病院の循環器病棟前で待てと言ったあと、具体的な指示を伝えた。

「黄色いシャツに赤いネクタイをした男が一方の手に大きなバッグ、もう一方で鍵の束を持って現れる。その男からバッグを預かって家に帰り、次の指示を待て」

ハセインは、「黄色いシャツに赤いネクタイ」だったら一キロ先からでもわかるなと思った。やりとりするときの暗号も教えられた。

ムスタファ病院はアルジェの中心部「五月一日広場」近くにある総合病院である。約束の時間より前にハセインは循環器病棟に着いた。周りを見ると不審な動きをしている者があちこちに配置されている気がした。DRS機関員かもしれない。

男は十五分遅れで姿を見せた。ハセインは思った。

「軍は俺を殺したところで、『この男はGIAメンバーだった』と主張できる。テロ資金の運び屋だったと。資金源を絶つために殺害したと正当化できる。状況は自分にとって悪すぎる。殺害されたところで、誰も同情しない。墓掘り男がせっせと、遺体埋葬の準備をしている気がした」

ハセインは男と目を合わせた。男は小声で何か言った。暗号だった。ハセインは緊張のあまり教えられた暗号をすっかり忘れていた。言葉に詰まった。男の不信感が伝わってくる。ハセインはのどが、からからに渇いた。

なぜか男は取引を中断しようとはしなかった。男の方も緊張していたのだろうか。何とか任務を完了したいと思っていたのかもしれない。男はまた、小さな声で何か言うと歩き出した。ハセインはそれに続いた。ヘリーファ・ブーハルファ通りまで行って民芸品店に入った。二人はお気に入りを探すふりをしながら店内を歩き、店員から死角になっているところに行った。男は無言でバッグをハセインに手渡した。完全な静寂が周りを支配しているようにハセインは感じた。二人は無言のまま店を出ると、別方向に歩き出した。しばらく歩いて周りを見た。誰にもつけられていないか。隠しカメラで写真を撮られていないか。ハセインは駆け出した。息が切れた。不安だけが膨らんで今にも破裂しそうだった。大通りに出てタクシーを止めた。バッグを抱えたまま乗り込んだ。

自宅に着いたハセインは自分の部屋に入って鍵をかけ、大急ぎでカーテンを閉めた。百メートルも下れば、地中海の青い海が波を立てているはずだ。いつもは窓からさんさんと太陽が差し込む部屋だった。爆発物でないことを祈りながらバッグを開けた。中身は使い古されたアルジェリア紙幣で四千万ディナールだった。当時のレートでおよそ一億二千四百万円。恐ろしいほど大きなカネである。ハセインは人生において初めて、喜べない大金を手にした。

恐怖心は抜けなかった。バッグを持ってきたあの男は、どちら側の人間なんだ。GIAのメンバーなのか。それとも、自分と同様、軍に仕組まれた工作員なのか。

今なおハセインは、男の正体を知らない。ただ、可能性としては、こんなことを考えている。バッグの男はGIAのメンバーで、組織から資金の運び屋を命じられた。どこかのモスクで集められた資金を、山岳地帯に潜伏するGIA指導部に渡そうとした。その情報を軍が入手した。メルゾグイら軍の機関員がGIAメンバーになりきって男に接触し、資金の受け渡し場所を指示した。男はそれを信じてカネを持ってきた。男はハセインをGIAの協力者と考えたのだろう。

ハセインには自分の関与している計画の全体像が見えなかった。自分はいったい誰とやりとりしているのか。自分はジグソーパズルの小さなピースに過ぎなかった。あの男もパズルのワンピースなのだろう。ピースには自分が作るパズルの全体像が見えない。偶然、隣り合ったピースとの関係がわかるだけだ。自分の役割、位置づけがわからないまま事態が進行していくことにハセインはいらだち、恐怖を感じた。

自宅にこもっていても、軍や諜報機関に監視されているような気がした。食事はのどを通らなかった。たばこばかりを吸っていた。ハセインは言う。

「あまりに危ないことに手を貸してしまった。『やつはGIAのテロリストだ』と言われたら、それを否定するのは難しかった。外堀は埋められた。テロリストに仕立てられる環境ができてしまった。FISのメンバーとして選挙に当選したことがある。アッバシ・マダニと個人的に会ったこともある。そして、四千万ディナールの紙幣を持っている。自分がテロリストでないのを知っているのはメルゾグイだけだ。あいつはどれだけ信用できるのか。自分の人生は乗っ取られた。自分で自分の人生を決められないことが怖かった」

すでに賽は投げられた

バッグを家に持ち帰った日の夜八時、メルゾグイから電話が入った。互いに言葉は少なかった。

「バッグは受け取ったな」

「ああ」

「後で、もう一度電話する」

電話は切れた。

ハセインは不安を訴えることも、これから何が起きるのかを聞くこともできなかった。メルゾグイの方も、そうしたことを聞かれることを避けるため、用件だけを言って電話を切ったのかもしれない。

ハセインは少し冷静になって自分の行動を考えてみた。相手から言われるままに行動しているうち知らず知らずに、彼らの術中にはまっているように思えた。スパイ活動を知り尽くしている相手に対し、自分のやっていることは、ずぶの素人《しろうと》のやり方だった。少しでも自分のペースに持ち込むことを考えるべきだった。その後フランスや英国の諜報機関でスパイを請け負うハセインは、常に主導権を組織ににぎられないようさまざまな工夫をする。巨大組織に利用されるだけ利用され、捨てられないよう自分を防衛するための知恵だった。

ハセインは自宅のあちこちを調べてみた。トイレ、ベッドの下、玄関、机の下。何か工作された跡がないか。カメラやマイクが隠されていないか。何も出てこなかった。自分は考え過ぎなのだろうか。精神的に疲れているのかもしれない。いや、プロのスパイ集団とやり合うには、考え過ぎるほど考える必要があるはずだ。彼らに、「やつは一筋縄ではいかない」と思い知らせなければならない。自分を軽く見ると手ひどいしっぺ返しを食うと思わせなければならない。そうしないと、彼らは簡単に裏切るだろう。今のアルジェリアでは、治安・諜報機関に裏切られた者に待っているのは死である。

メルゾグイからのその日二度目の電話は午後十一時ちょうどに入った。ハセインは秘密工作から抜けたいとの思いを伝えた。メルゾグイは軽く笑ったあと、こう言った。

「あすの朝十時半、同じ場所だ」

ハセインはこうしたやりとりを妻にも話していない。妻は生まれたばかりの長男の世話で忙しい。尊敬する父にも相談できなかった。

「父も妻も元ジャーナリストだった。当時、ジャーナリストの命が狙われていた。父や妻に自分がしていることを伝えると、彼らの身も危険になるんじゃないかと思った」

メルゾグイの電話を受けたあと、静かになった自宅で家族のことを考えた。長男サリムの可愛い寝顔が頭に浮かんだ。仕掛けられたこの闘いを何とか乗りきらねばならない。

「すでに賽は投げられた。だったら何とか、この作戦を乗りきるしかない。サリムのためにも生きてやると思った。サリムを父のない子にするわけにはいかなかった」

ハセインはむしろ積極的にこの作戦に関わって、自分のペースで事態を動かしてやろうと思い始めた。

協力者としての試験に合格

翌朝八時十五分、ハセインは四千万アルジェリア・ディナールの入ったバッグを持って家を出た。朝食は口にしなかった。食欲はなかった。大通りに出てタクシーを拾った。後部座席に身を沈め、後ろばかり見ていた。誰かにつけられていないか気になって仕方なかった。命令に従って動いているだけでは、相手の罠に搦め捕られていくだけだ。少しでも自分の考えで行動する必要がある。つけられていないかを確認するのも、その一つだった。

ハセインは指示された郵便局向かいの喫茶店に入った。朝からにぎやかな店だった。客の中にも工作員がいるような気がした。

エスプレッソを飲みながらメルゾグイを待った。一時間、そして二時間。メルゾグイは姿を見せない。三杯目のエスプレッソが空になった。灰皿は吸い殻の山を作っている。ハセインは言う。

「何が起きたのか。いろんなことを考えた。冷静になれと自分に言い聞かせた。緊張しながら、店の入り口をじっと見ていた。入ってくる客がいるとずっと目で追った。ヤシン（メルゾグイ）が変装しているんじゃないかとバカなことも考えた」

二時間半が過ぎたところでハセインは、待ちくたびれて店を出た。メルゾグイらしい男がいないか探しながら周辺を歩いた。このまま帰ることもできず中央郵便局の前でメルゾグイを待った。ハセインは午後五時まで待ってその場を離れた。小柄なあの男は結局、現れなかった。

不思議な感覚だった。最も会いたくない人間、自分の人生をハイジャックした男を待ち焦がれる気持ちだった。このまま電話を待つだけの生活には耐えられそうもなかった。自分の人生なのに、何も決定する権利を与えられていない。自分に許されているのはただ待つことだけだった。

メルゾグイはなぜ、このとき現れなかったのか。ハセインはその後、スパイ活動に携わることで、当時のメルゾグイの行動が理解できるようになった。

「彼らは俺をコントロール下に置くため精神的に追い込もうとしたんだ。アルジェリアのシークレット・サービス（諜報機関）の手口だ。相手が予想しているであろうことと違う行動に出て混乱させる。冷静な判断を奪い、判断力が低下したところで、新しい指示を出す。相手が自分たちの束縛から抜けられない状況を作る。こうやって彼らは、忠実な羊のような人間を作っていく。あのときも俺がたばこばかりを吸いながらヤシンを待っているのを、やつらはどこかで笑いながら見ていたはずだ」

その日の夜八時ちょうどにメルゾグイから電話が入った。

「明日、同じ時間、同じ場所だ」

と言うだけで電話は切れた。ハセインは寝不足になった。食欲もない。

「我が家にいながら刑務所にいるような感覚だった。自由がないのだから」

翌朝、ハセインは同じようにタクシーに乗った。現金の入ったバッグは家に置いたままにした。メルゾグイからの指示がなかったためだ。喫茶店の手前でタクシーを降りて歩いた。自分の行動をできるだけ記憶しておこうと、タクシーからの歩数を数えた。三百二十二歩で喫茶店に着いた。しばらくするとメルゾグイが白いルノーを降りた。店に入ってハセインに近づくなり、着いてこいと命じた。

二人はルノーに乗り込んだ。中にはもう一人の男がいた。大きな体格のハンサムな男だった。白い肌で青い目をしていた。ジーンズにTシャツを着ていた。メルゾグイが、「アブデルハディだ」と紹介した。ハセインは偽名だと思った。どこにでもある名前だった。気づかれないよう車の中を見回し、緊張した。

「ヤシン（メルゾグイ）が武器を持っていたんだ。座席の下にカラシニコフ、そして横にはピストル。今にも逃げ出したい気持ちになった。これまでとは違う何かが起こると思った。ひょっとしてヤシンはGIAのメンバーなのか。すると自分は軍のスパイとしてGIAを欺《あざむ》こうとした男ということになる。明日の朝刊は、またジャーナリストが暗殺されたと伝えるのかと思った」

車はアルジェリア国営放送ビル近くで止まった。メルゾグイは降りろと命じた。

「いよいよ殺されるのかと思った。殺害前にテレビ・カメラに向かって自分の罪を告白させられるんじゃないか。『おれは軍のスパイとして働きました』とね。それを録画して放送して、殺害を正当化する。これはイスラム主義者がよくやる手口だった」

今では冗談交じりで語るハセインも当時は真剣だった。いよいよ自分の命もここまでかと絶望的になった。

国営放送の前を素通りした。ハセイン、メルゾグイ、そしてアブデルハディという男はピザのチェーン店に入った。ハセインは拍子抜けした。カメラに向かって罪を告白するのではなさそうだった。コーヒーを飲みながらメルゾグイが言った。

「次の金曜日、空けておいてくれ。そして、これでロンドンまでの（飛行機の）チケットを買っておくんだ」

メルゾグイはチケット代をハセインに手渡した。ピザ店までわざわざ来たのは、チケット代を手渡すためだったのか。面倒なことをするなよ、とハセインは思った。

「次の金曜日」とは八月十二日、ハセインの三十三歳の誕生日だ。まさか、誕生祝いをしてくれるわけではなさそうだった。

四千万ディナールについてメルゾグイは何も言わなかった。ハセインは家に帰ると、隠し場所に直行し、それがあるのを確認した。自分の留守中、誰かが自分を訪ねてこなかったかと妻に聞いた。つい尋問調になった。妻はハセインがなぜこれほど慌てているかわからない様子だった。

ハセインはすぐにパスポートを持って旅行代理店に飛び込み、ロンドンまでのアルジェリア航空往復航空券を買った。

誕生日は嫌な電話で明けた。メルゾグイは昼に会おうと提案してきた。今回は現金を持ってくるよう指示があった。ハセインには一つ、困ったことがあった。四千万ディナールの一部、二千ディナールに手をつけてしまっていたのだ。

私はこの話を聞いて、ずいぶんと図太いことをするものだと思った。自分の人生がどこに向かっているのかわからない状況にあって、しかもイスラム過激派の資金となる可能性のあるカネに手をつける心境は私の理解を超えていた。

「半年ほど仕事をしていなかったからね。しかもサリムが生まれたばかりでカネが必要だった。家族を養わなけりゃいけない。手持ちのカネは底を突いていた。いずれカネが入ったとき補ったらいいかと思い、使わせてもらった」

ハセインは迎えに来たルノーに乗り込んだ。メルゾグイとアブデルハディがいた。車内にはカラシニコフとピストルがあった。車に武器を積むのは特別なことではないらしい。車は無言で走った。ハセインには行き先の見当がつかなかった。

メルゾグイは現金の入ったバッグをもらおうと言った。ハセインはバッグを手渡した。メルゾグイは中を確認しなかった。ハセインは打ち明けた。

「二千ディナールほど使わせてもらった。入り用があったんだ」

「次に会うときに返してくれたらいい」

このときはバッグを渡しただけで、ハセインは解放された。

二日後の日曜日の夜中にメルゾグイから電話が入り、翌十五日午後〇時半に、いつもの場所に来いとの呼び出しを受けた。

時間通りに喫茶店に現れたメルゾグイは、ロンドン行きについて指示した。ロンドン滞在は二日間の予定だ。その間に、ある男と会って荷物を受け取って帰ってくる。これがハセインに課せられた任務だった。

この指示を聞いたハセインは、アルジェでの先日の現金四千万ディナールの受け渡しは、ロンドンでの秘密工作活動の予行演習だったのかもしれないと思った。

「ロンドンでしっかりと任務を果たさせるため、彼らはアルジェで俺に秘密活動を指示し、そのやり口を観察した。彼らは俺を、何とか使えそうだと判断し、ロンドンでの活動を指示したのではないか」

メルゾグイと警察署内で会った七月二十九日から約半月。ハセインは軍の秘密工作活動の協力者としての試験に、不運にも合格したようだった。

ただ、ハセインにはロンドンに行きたいという気持ちが強まっていた。ロンドンで亡命を申請しようと決心していた。二度とアルジェに戻るものかと思っていた。炎天下のアルジェを避け、涼しいロンドンに逃げ出したかった。組織の搦め手から逃げるには、法によって国家権力が制限されている場所に身を移すしかないと思った。問題は家族だった。妻と六ヵ月になったばかりのサリムをどうやってロンドンに連れて行くか、だった。

ハセインは自分の置かれている状況を、ミミには説明していなかった。ただ、ミミがハセインの行動を奇異に思っているのは確かだった。ミミがいらだっていることがハセインにはわかっていた。異常な状況から抜け出す必要があるのは自分だけでなく、ミミとサリムも同じだった。

ロンドンへ

八月も半ばを過ぎると、ロンドンの街は秋色に染まる。日中でも気温は二十度を下回り、朝晩は肌寒いほどだ。

レダ・ハセインの出発は一九九四年八月十九日と決まった。アルジェ発ロンドン行きのアルジェリア航空チケットをすでに購入していた。飛行機は約三時間で真夏のアルジェから秋口のロンドンまでハセインを運ぶことになる。

十九日は金曜日だった。イスラム社会の金曜の朝は静かだ。会社や役所は仕事を休み、人々は昼の集団礼拝を前に落ちついた時間を過ごす。

ハセインは妻に、自分はロンドンに行くことになったとだけ告げた。詳しくは話さなかったが、「お前たちも、できるだけ早く英国のビザをとってロンドンに来い」と指示した。何があったのかわからず、不安そうなミミにハセインは、「生死に関わることだ」とだけ説明した。

ハセインはミミに別れを告げ、タクシーに乗った。アルジェ警察本部に着いたのは午前十時半だった。

警察官に案内され、公安警察幹部、ムハンマド・サントジの部屋に入った。サントジが机の引き出しからパスポートを一冊取り出して、ハセインに渡した。パスポートは写真や名前が空欄だった。誰のパスポートにでも偽造できる。このパスポートをロンドンのGIAメンバーに渡し、代わりに、その人間から荷物を受け取って帰国する。これが今回、ハセインに課せられた任務だった。

ハセインにパスポートを渡すとサントジは、「早くしまえ」と言った。ハセインは自分の着替えを詰めたバッグの隅にパスポートを押し込んだ。

ヤシン・メルゾグイがやって来て、ロンドンの滞在費用として英国紙幣で五十ポンドを手渡した。ロンドンなら一泊のホテル代に消えてしまう額だった。これでどうやって生活しろというのか、とハセインは思った。その思いを察してかメルゾグイは、

「仕事はすぐに終わる」

と言い、こう念を押した。

「すべては秘密裏に実行される。誰も信用するな。命じられたことをやるだけだ」

当時、アルジェ警察本部には国軍の人間が大量に入り込んでいた。日に日に悪化する国内の治安対応を主導しているのは警察ではなく軍だった。

メルゾグイは小声で言った。

「お前には、誰がグリーン（軍）で誰がブルー（警察）かわからないだろう。俺たちグリーンは決してブルーを信用しない。この作戦はグリーンが実行する」


ハセインはメルゾグイ、サントジと三人で警察本部を出て、待たせてあった車に乗り込んだ。助手席にサントジ、そして、後部座席にハセインとメルゾグイが座った。

ハセインの頭には本当に空港に行くのだろうかという疑問がよぎった。アルジェリア軍がテロリストの動きを探るために、工作員として自分をロンドンに送る。そんなことが現実にあるのか。まるで映画の世界だ。ハセインはまだ、自分の置かれた状況が現実のものとは思えなかった。車は空港に向け速度を上げている。日差しは厳しい。サントジが前を向いたまま言った。

「指示された場所に、指示された時間に行ったらいいんだ」

しかし、ハセインは上の空だった。

「俺自身は二度と、アルジェリアに帰るものかと思っていた。ロンドンに着いたらすぐミミとサリムを呼び寄せて、英国に亡命するつもりだった。それが唯一、墓掘り男の腕から逃げる方法だと思っていた」

ただ、ロンドンに着いた後のことを考えると不安が募った。与えられた資金はたった五十ポンドである。工作員の世界はそんなにしみったれたものなのか。こっちは命をかけているんだ。文句を言っても、メルゾグイはただ、大丈夫と繰り返すだけだ。ハセインはこれ以上、話しても仕方がないと思い口を閉じた。ハセインは地獄から抜け出すことだけを考えていた。

アルジェ国際空港に着いたのは昼ごろだった。

ハセイン、サントジ、メルゾグイの三人は一緒に空港ターミナルに入った。互いに会話はなかった。サントジとメルゾグイはぴったりとハセインに付いてきた。荷物、パスポートのチェックを終えるまで、二人はハセインを見守った。万が一、荷物検査で偽造用パスポートが見つかった場合に対応するためだったのかもしれない。

ハセインは二人と別れ、そのまま出国ラウンジに向かった。窓の外には青い空が広がっている。ラウンジの椅子に座っていると、子供のころ近所に住んでいた知人に会った。同じ飛行機でロンドンに行くという。雑談しながらハセインは、「ロンドンで世話になるかもしれない」と頼んだ。

ハセインは旅客機に乗り込んだ。飛行機が滑走路を離れた。このとき初めて、ハセインは自分が本当にロンドンに行くのだと思えた。二度と戻るものかと誓った。

ミッション遂行

アルジェを発って三時間十分で、飛行機はロンドン・ヒースロー空港に到着した。午後五時を回ったところだった。ハセインは英国のジャーナリスト・ビザを持っていた。一九九六年まで有効だった。スムーズにパスポート・コントロールを抜けた。

まず住むところを確保したいと思った。アルジェ国際空港で会った知人が、とりあえず自分のアパートに来たらいいと誘ってくれた。資金不足の身には願ってもない話だった。

知人宅には、ロンドンに暮らすアルジェリア人が集まっていた。九二年一月のクーデター以来、ロンドンでは祖国を捨てたアルジェリア人が急増していた。

ハセインは数日、知人宅を泊まり歩いた。メルゾグイからはまず、自分の連絡先を確保して警察本部のサントジに知らせるよう指示されていた。しかし、ロンドンで暮らすうち、それに従う気はすっかり失せていた。二度とアルジェリアに帰る気はなかった。安全なアパートを探し、妻と息子を呼び寄せ、三人で暮らそうと思った。何も好きこのんで、胃の痛むような世界に戻ることはない。祖国を捨てる覚悟さえすれば、アルジェリア軍や諜報機関（DRS）から逃れ、GIAのテロリストたちからも自由になれる。

友人が仕事を紹介してくれた。ピザ店のビラ配りだった。一日十五ポンドになる。ピザが食べられるので食うには困らない。住むところも確保した。ロンドン北部ウッドグリーンにある一戸建ての一部屋を週三十ポンドで借りた。

問題は妻と息子をいかにロンドンに呼び寄せるかにあった。アルジェの英国大使館で観光ビザを取得することは難しくないはずだった。通常、申請すると、その日のうちに観光ビザが発給された。そのためハセインは事前に、妻子のビザをとる準備をしていなかった。ビザ取得に支障が生じるとは想像だにしていなかった。

しかし、ミミがハセインの指示に従ってビザを申請しようとしたところ、アルジェの英国大使館がビザ発給業務を停止していることがわかった。ハセインがアルジェを発つ半月前の九四年八月三日、武装したGIAメンバーがアルジェの外交官居住区に侵入して、フランス人外交官五人を射殺する事件が発生していた。これを受け欧米諸国は在アルジェリア大使館でのビザ発給業務を停止した。当初、一時的措置と考えられたが、当面再開されそうになかった。このときになってハセインは自分が大きな間違いをやらかしたことに気づいた。事前に妻と息子のビザをとっておくべきだった。

アルジェに残した妻ミミのところには連日、メルゾグイから電話が入った。ミミは当時について、こう言う。

「ほぼ毎日、ヤシン（メルゾグイ）から電話がありました。その時々で、名前を変えているのですが、声のトーンでヤシンだとわかります。別の人間が名前を名乗らずに電話してくることもありました」

ミミが外出すると、誰かが後をつけてきた。最初は気のせいかと思ったが三日目には、尾行されていると確信した。

「最近の夫の異常行動と関係があると確信しました。体の奥から恐怖心が湧いてくるような気がしました」

ハセインは妻子のビザ取得が難航したことで計画の変更を迫られた。一旦、地獄のアルジェに戻らねばならなかった。妻子を残したまま、ロンドンに暮らすことはできなかった。アルジェに帰るには、軍から指示されたミッションをこなさねばならない。命令を無視してアルジェに帰ることは、自分の命の時計が止まることを意味する。

ハセインはミミに自分の部屋の電話番号を伝えた。ミミからその番号を聞いたメルゾグイから電話が入った。

「バカ野郎。何してやがったんだ」

「連絡先を確保できなかった。この電話も友人から借りている」

「まだ、電話線も確保していないのか」

「あんたは五十ポンドしか渡さなかった。空港でたばこを買ったら、資金がなくなった。あんなはした金じゃ、何もできない」

「今、どこから電話してるんだ」

「友人のアパートだ」

メルゾグイは、また連絡すると言って電話を切った。

次の電話は九月八日、木曜日の朝九時だった。メルゾグイは一つの電話番号を伝え、正午きっかりに電話するよう命じた。「アブ・ムハンマド」というアルジェリア人の男が電話に出ることになっているという。向こうは公衆電話だから正午ちょうどに電話しなければならないということだった。ハセインはアブ・ムハンマドとの間で使う暗号も教えられた。今度はきちんと頭にたたき込んだ。

指示通りに電話すると男が電話に出た。なまりのない美しいアラビア語だった。アルジェリア人のアラビア語はフランス語が混じるため、アラブ人であってもアルジェリア人以外には理解しにくい。ハセインは相手がアルジェリア人なのに、正統なアラビア語を話すことが印象に残った。

ハセインは「ベナシ」という偽名を名乗り、落ち合う場所としてロンドン北部のピザ店「ゴー・ゴー」を提案した。この店はハセインが知っている数少ない場所の一つだった。慣れない仕事だけに、自分の知らない場所でGIAメンバーと会うことは避けたかった。ハセインはオレンジ色の帽子をかぶっていると伝えた。

ピザ店は持ち帰りと配達を専門にしている店だった。ハセインは従兄弟《いとこ》の車で店に着いた。数分すると、赤いフォードが道路の反対側に止まった。電話で説明された車だった。中から短髪でひげ面のすらりとした男が降り、ハセインに向かって歩いてきた。目が合った。

「ティール」

ハセインが暗号を口にするとアブ・ムハンマドはすかさず答えた。

「エリル」

「ティール・エリル」。アラビア語で「夜の鳥」という意味だった。アブ・ムハンマドはハセインを仲間と信じたようだった。


二人は誰からも見られない場所で取引をしたかった。ロンドンは監視カメラが街の隅々に設置されている。カメラを気にせず取り引きするには、プライベートな場所を探すしかない。ハセインは自分の部屋を提案した。自分の暮らす場所を知られることに不安もあったが、まったく知らないところに連れて行かれ、向こうのペースで仕事をするより、自分の部屋の方がいいだろうと思った。アブ・ムハンマドも、ハセインの部屋で取引ができるならありがたいと言った。


二人はそれぞれの車でハセインの部屋に向かった。ハセインはアブ・ムハンマドに自分の家までの経路を知られたくなかったため従兄弟に、

「回り道して俺の家まで行ってくれ。ただし、後ろの車に不審がられないように」

と頼んだ。車は結局、二十二回も交差点を曲がって目的地に着いた。

ハセインはアブ・ムハンマドについて何も知らなかった。確かなのは、アルジェリア人であることだけだ。ハセインは従兄弟に、家の前で待っていてくれるよう頼み、少しでも様子がおかしかったら、すぐに来てくれと言った。

ひげ面の男は、縦横五十センチ程度の小包を二つ抱えて部屋に入ってきた。

「あなたの方から、渡すものがあるはずだ」

とアブ・ムハンマドは言った。

ハセインは鞄《かばん》に隠していたパスポートを渡した。相手は上着の左のポケットから、長さ十数センチの封筒を取り出した。表に、「ムジャヒディン（イスラム聖戦士）の家族へ」とアラビア語でつづられていた。中には、紙幣が入っているようだった。

「二百ポンドある」

と、アブ・ムハンマドは言った。そして、持ってきた小包を指さし、ファクスとプリンターだと説明した。必要なこと以外、ほとんど話さないまま取引は終了した。ほんの一、二分のことだった。アブ・ムハンマドは「マッサラーマ（さようなら）」と言い、ハセインと握手をして去って行った。部屋には二つの小包と一通の封筒、そして深い静寂が残った。

一呼吸したハセインは、ドアの外の気配を確認すると急いで小包をほどいた。手が小刻みに震えた。武器や爆弾類が入っていないことを願った。小包には、アブ・ムハンマドが言った通りレーザー・プリンターとファクス機、封筒には現金二百ポンドが入っていた。

再び地獄へ

その夜、メルゾグイから電話があった。

「九月十一日、日曜の便でアルジェに戻れ」

ハセインは混乱した頭で、とっさに浮かんだ言葉を口にした。

「日曜の便はすでに満席だ。十三日の火曜日に帰る」

口から出任せだった。調べればすぐにばれるうそである。ただ、ハセインは何とか地獄に帰る時間を先延ばししたかった。

もんもんとして夜を過ごした。一人でベッドに横になると、さまざまな疑問が頭を占領し眠れなかった。なぜアルジェリア軍は自分を協力者に選んだのか。英国のビザを持っているというだけでは説明できない。彼らは、自分をどうしようと考えているのか。一人で暗闇を歩かされているように感じた。自分はいったいどこに連れて行かれるのか。

受け取った荷物と封筒を持って、アルジェに戻るしかないのか。戻るにしても、ただ羊のように命じられるまま帰るのではなく、反撃の手段を残しておきたい。大人しい羊にはなりたくなかった。

ハセインは一つの作戦を思いつく。アルジェリア軍がやっていることをメディアに暴露することだ。ハセインは日記をつける習慣がある。特にアルジェの警察本部でメルゾグイに会った七月二十九日以降、詳細な日記を記していた。私のインタビューに対しても、ハセインはこのフランス語でつづった日記を基に当時の行動を描写した。ハセインの行動や言葉のやりとり、当時の心象風景を再現できるのはそのためだ。

ハセインは考えた。その日記を英国メディアに送りつけることでアルジェリア軍に一撃を加えることができないか。自分がアルジェリアで殺害されたとしても、それはＧＩＡの仕業《しわざ》ではなくアルジェリア軍のやったことだと証明できると思った。

ハセインは日記をコピーして封筒に入れると、家主のマーガレットに手渡した。

「もしも、数ヵ月して私から何の連絡もなければ、これを郵送してほしい」

封筒の宛先は調査報道で定評のある高級紙サンデータイムズだった。

マーガレットはアルジェリアが内戦に入っていることを理解しており、気の毒そうに言った。

「きっと、戻って来られますよ」


九月十一日の日曜日、メルゾグイから電話が入った。アブ・ムハンマドからもう一つ、荷物を受け取れという指示だった。

正午にロンドン西部の地下鉄イーリングコモン駅出口に行くと、アブ・ムハンマドの姿があった。六歳の娘と一緒だった。前回の取引で互いに顔を知ったためか、アブ・ムハンマドはとてもリラックスしていた。

ハセインとアブ・ムハンマド、そして彼の娘の三人で近くの喫茶店に入った。ハセインは、アルジェに戻った後のことで頭がいっぱいだった。二人は一時間以上、祖国の現状について語り合った。ハセインは小さな荷物を受け取った。中身は現金一万ポンドとカセット・テープ一本、そして、アラビア語の本が四冊。カセット・テープにはイスラム過激派指導者の演説が録音され、本はアルジェリアでは発禁になっているFIS最高幹部の一人、アリ・ベンハッジの著書だった。

メルゾグイは十二日、月曜の夜、最終確認の電話を寄こした。アルジェ国際空港での手配はすべて済ませたとの連絡だった。

ハセインは十三日、従兄弟に運転してもらいロンドン・ヒースロー空港に着いた。出国ラウンジにいると胃の痛む思いがよみがえってきた。誰も信じられない世界へ再び、戻ることになる。墓掘り男が腕を大きく広げて待っていると思うと、逃げ出したい気持ちだった。死刑囚が刑の執行を数時間後に控えたときの心境はこんなものなのかなと思った。ロンドンからアルジェまで千六百五十キロ。東京から那覇までより少し長いこの距離がハセインにとっては、通常の世界と地獄とを分けるほどの距離に思えた。

飛行機は夕方、アルジェ国際空港に着いた。ハセインの飛行機を降りる足は重かった。パスポート・コントロールを過ぎると、さっそく警察官が近づき、そこで待つよう告げた。グリーンとブルーの世界だった。

しばらくするとさっきの警察官が私服の男二人を連れて戻ってきた。一人は上背《うわぜい》のあるスキンヘッドの男で、青のシャツとスーツ、ネクタイは黄色と青のストライプだった。

「安物の映画俳優のようだった。その男の印象が強烈で、もう一人の男のことはほとんど記憶にない。とても怖かったのは覚えている」

男は小さな声で、ついて来るよう言った。

空港内をしばらく歩くとメルゾグイの姿が目に入った。薄ら笑いを浮かべている。目が合うとウインクしてきた。

「心配することはない。準備は万全だ」

とメルゾグイは言った。

ハセインは思った。いつになったら自分の人生を取り戻せるのだろう。妻や子供は大丈夫だろうか。どうやったら、このバカげた生活から抜け出せるのか。

機内に預けていた荷物を受け取って空港を出た。警察官と思われる男たちは去った。フィアットが迎えに来ていた。ハセインはメルゾグイと一緒にそれに乗り込んだ。

メルゾグイは言った。

「ココナッツはどうだった？」

ココナッツとはイスラム過激派を示す隠語だった。

「計画通りやった」

ハセインは短く答えた。

二人はアルジェの警察本部に入った。ハセインがロンドンから持ち帰った現金や荷物を渡すと、メルゾグイたちはハセインの仕事に満足した様子だった。GIAに行くはずの資金がアルジェリア軍に渡った。この資金が最終的に、どう処分されたのかハセインは今も知らない。

アルジェを後に

ハセインは警察の車で警察本部を出た。自宅に近づくと妻のミミがバルコニーに立っているのが見えた。表情は暗かった。ハセインはミミが疲れ切っていることを知った。ミミも当時のことをよく覚えている。

「バルコニーに立っていると彼がフィアットで帰ってきたのが見えました。車から降りた彼は、つらそうな表情でした。ぼんやりしているように見えて心配になりました」

ハセインはぼんやりしていたわけではなかった。妻子のことで頭がいっぱいだったのだ。一刻も早く妻と息子のビザを取得して、この国を離れなければと思った。そうしなければ自分だけでなく家族までもつぶされてしまう。自分はすでに死んだも同然だった。しかし、生まれたばかりのサリムまで巻き込むわけにはいかない。この子のためにも生き抜かねばならない。

アルジェに戻った翌十四日、ハセインはミミを連れて朝一番でアルジェの英国大使館に行った。やはり閉鎖中だった。そのまま二人は外務省に向かった。英国ビザを取得する方法について何か情報がないかと思ったのだ。外務省の知り合いに相談したが、チュニジアでビザを申請する以外に方策はないということだった。

ハセインは外務省を出ると、チュニスの英国大使館に国際電話を入れた。ビザ申請の予約をとったあと、チュニスまでの往復航空券を二人分予約した。

ハセインは十五日、ミミと一緒にチュニスに飛んだ。この動きはメルゾグイたちに把握されているはずだが、構っていられなかった。何よりもミミの精神状態が心配だった。

二人はチュニスで一泊し十六日朝、英国大使館でミミの観光ビザを申請した。この日は金曜日だが、チュニジアは金曜を休日にしていない。ビザはすぐに発給されるはずだ。二人はそれを受け取って、そのままアルジェに戻るつもりだった。しかし、英国大使館の係官が口にしたのは意外な言葉だった。

「ビザは発給できません」

係官は、ミミがジャーナリストであるためだと説明した。アルジェリアではイスラム過激派がジャーナリストを狙ってテロを繰り返していた。ジャーナリストは危険な状況に置かれている。英国に渡った場合、アルジェリアに戻るはずもないのに観光ビザを申請するのはおかしい、という説明だった。観光ビザで英国に入国して、そのまま英国に滞在するはずと見透かされたのだ。

ミミが食い下がると、とりあえず午後三時から面接をして、そのうえで結論を出すということになった。ハセインは焦った。自分たちは今、平穏な生活と地獄との分かれ道にいる。

大使館で腕組みをしているとハセインの頭に一つのアイデアが浮かんだ。自分がフランス国籍を持っていると主張したらどうだろう。ロンドンで観光した後、フランスに帰ると主張できるはずだ。

ハセインはロンドンに滞在中、従兄弟に頼んでフランス国民の身分証を偽造してもらっていた。特定の目的があったわけではないが、ロンドンのフィンズベリー地区では身分証が容易に偽造できると聞き、いつか役立つかもしれないと思い購入しておいた。ハセインはその後、スパイとなったとき、イスラム過激派がパスポートなど各種証明書をここで偽造するのを監視することになる。しかし、このときのハセインは自分が監視する側に回るとは思ってもみなかった。

ばれたときには、万事休すだ。でも試す価値はある。一か八《ばち》かこれを使ってみようとハセインは思った。面接は午後三時に始まった。英国大使館の係官が言った。

「観光ビザで英国に行った場合、あなたはアルジェリアに戻らない。亡命することがわかっている者に観光ビザは出せないんです」

ミミは落ち着きを装い、静かに答えた。心臓が破裂しそうだ。

「おっしゃる通り、アルジェリアには戻りせん。しかし、英国には残りません。フランスに帰るつもりです。夫はフランス人ですから」

係官の表情が突然、やわらかくなった。フランス人の妻にビザを発給することには何の問題もないというのだった。

「はじめからそれを言ってもらえれば、手間をかけないで済んだのです」

係官は笑みを浮かべ、念のため、夫がフランス人であることを証明する書類を提示するよう求めた。ミミはハセインの偽造身分証を示した。

係官はビザ発給を約束したが、きょうはもう遅いので週明けの月曜日にビザを取りに来るように言った。ハセインとミミは抵抗した。週末をチュニスで過ごすわけにはいかない。フランス政府に確認されれば、偽造がばれる可能性もある。

生まれたばかりの赤ん坊がアルジェで待っていると説明し、何とかこの場でビザを出してほしいと懇願した。二人の様子がただならなかったのだろう、係官はその場でビザを発給してくれた。

すでに夕方になり、大使館が身分証についてフランス政府に確認することは不可能な時間だった。ハセインとミミはゆっくりと大使館を出ると、すぐにタクシーを捕まえ逃げるように空港に向かった。ハセインは地獄から抜け出す「命のビザ」を受け取ったように思った。

ハセインが十六日夜、アルジェに戻るとすぐに、メルゾグイから電話が入り、翌日会うことになった。

十七日は土曜日だった。午前十時ちょうど、ハセインはいつもの郵便局向かいの喫茶店に行った。メルゾグイは会うなり言った。

「チュニスで何をしてきたんだ」

その目は、「お前の行動はすべて把握している」と語っていた。

「妻の調子がおかしい。相当、参っている。外国でリラックスさせようと思う」

メルゾグイはゆっくりとエスプレッソを口に含み、アルジェで新聞を発行しないかと持ちかけてきた。資金については十分に協力するとも言った。ハセインはパリから戻った当初、新聞ビジネスをやろうと考えたことがあった。それを知っているためメルゾグイは新聞発行をしてみないかと提案してきたのだ。しかし、ハセインは何よりもこの地獄から抜け出したかった。

「今は妻を休ませたい」

ハセインはこう言って目の前のメルゾグイをにらみつけた。そのとき、相手の表情がそれまでと違っているように思えた。少し疲れているのが感じられた。以前のように緊張感のみなぎった、威圧的な顔ではなかった。そう思ってみると、口調も穏やかで、以前とは別人のようだ。

「何かあったのか」

「…………」

少し間を置いて、メルゾグイは口を開いた。

「昨日、車に乗っていて暗殺されそうになった。何とか逃れたが、……」

ＧＩＡ戦闘員に狙われたのだろうとハセインは思った。メルゾグイは疲れたようにほほ笑むと、こう続けた。

「レダ、……。この国はもう出た方がいいようだ」

メルゾグイがハセインの計画に理解を示した。ハセインは、「自分が狙われたことで、俺に同情するようになったのかもしれない」と思った。

メルゾグイはこうアドバイスした。

「家族一緒に出国することは止《よ》した方がいい。まず、お前だけが行って、その後に家族を呼び寄せろ。そうしないと問題になる」

ハセインはなぜかこのとき、メルゾグイを信頼しようと思った。この男も俺と同じく、誰も信じられない地獄を生きているのだ。家族と一緒に出国した場合、メルゾグイが難しい立場に置かれるのかもしれなかった。軍はメルゾグイがハセイン家族を逃がしたと考えるのかもしれない。

ハセインは悩んだ末、自分だけでロンドンに向かい、受け入れ態勢を整えた後、ミミとサリムを呼び寄せることにした。あれほど憎んだメルゾグイに迷惑をかけたくない気持ちが湧いてくるのが不思議だった。疲れたような表情を見せるメルゾグイを見ていると、この国の混乱に人生をもてあそばれている者同士、親近感さえ湧いてくるのだ。

ハセインはメルゾグイと別れて帰宅すると大急ぎで出国準備に入った。今度こそ、アルジェに帰るつもりはなかった。二ヵ月前に九十キロあった体重は六十八キロになっていた。

このときを最後にハセインは長年、メルゾグイに会わなかった。メルゾグイを見かけたのは内戦が終わり、ハセインが英国紙タイムズの仕事でアルジェを再訪した二〇〇五年だった。軍の施設で見かけたメルゾグイは、ハセインに気づかない様子だった。本当に気づかなかったのか、知らぬふりをしたのかはわからない。ハセインの方からは声をかけなかった。

第三章 フランス

アルジェの高台に立つレダ・ハセイン。

五ヵ月ぶりの落ち着いた生活

レダ・ハセインは一九九四年九月二十日、単身ロンドンに着いた。チュニスで妻ミミ、一人息子サリムの英国ビザを取得してから四日後だった。

この時期のロンドンの街には、冬がそこまで来ているような気配がにじむ。厚手のコートを着ている人を見かけることも珍しくない。

不動産屋を回ってアパートを探した。どの不動産屋も借り手の国籍や職業を気に掛けることはない。

「アパート探しで白人と有色人種が競合する。その場合、不動産屋や家主は有色人種に家を貸したがる。差別したと批判されることを恐れるんだ」

ハセインはロンドン市民の人種偏見に対する思考を、そう説明した。

アルジェリア人であるハセインでも容易にアパートは見つかった。十月十三日、ロンドン北部サウストッテナムで暮らし始め、三日後にはミミが赤ん坊のサリムを抱いてやってきた。

ハセインはさっそく家族全員で政治亡命を申請した。アルジェリアは内戦下にあった。軍はイスラム主義者への弾圧を徹底し、それに呼応するように過激派によるテロが続いていた。

英国に亡命を申請するアルジェリア人の数はクーデターを境に急増していた。九〇年に英国に亡命を申請したアルジェリア人が二十五人だったのに対し、九二年には百五十人になった。二年で六倍である。九三年になるとさらにその数が増えて、二百七十五人、そして、ハセインが亡命申請した九四年は九百九十五人となった。翌九五年は千八百六十五人で、この年が亡命申請のピークである。

結果的にアルジェリアの軍事クーデターとその後の内戦によって、ロンドンのアルジェリア人コミュニティが膨張し、それが過激なイスラム思想をロンドンに流入させることにつながった。ロンドンが欧州におけるイスラム過激派の一大拠点になるのはそのためだった。英国の伝統的な寛容政策が、社会の過激化につながったのは皮肉である。

ハセインはイスラム主義者ではない。むしろ宗教心は薄い。ただ、イスラム救国戦線（ＦＩＳ）の候補として地方選挙に立った経歴があった。そのため亡命は容易に認められるとハセインは高を括《くく》っていた。この問題が今後、ハセインと家族を苦しめるとは考えてもみなかった。

亡命を希望した場合、その六割は申請から二ヵ月で結果が出ている。しかし、ハセインの亡命申請については結果が出なかった。アルジェリア軍の協力者として英国に入国した事実を英国政府が知り、そのため亡命認定が遅れたのではないかとハセインは勘ぐった。それ以外に亡命が認められない理由は思い当たらなかった。

ハセインは私に、「亡命は当然、認められるはずだった」と強調した。しかし、調べてみると、英国政府のアルジェリア人亡命申請者に対する姿勢は当時、それ程、緩くはなかった。少なくともハセインが「当然」と考えるほど甘くはなかった。実際、九四年に申請のあった九百九十五人のうち亡命が認められたのは四百十人、半分以下である。翌九五年も千八百六十五人のうち七百二十人しか亡命は認められていない。ただ、ハセインは自分の場合、FISから立候補した経験もあるため、軍政下で生きるには危険が伴うことは客観的に証明できると信じていた。

亡命を申請した場合、パスポートを預ける代わりに英国政府から申請手続き中であることを証明する書類が発行される。当時の制度では、その書類があれば亡命申請者はアパート代をはじめ、生活に必要な基礎的費用を地方自治体に負担してもらえた。家族に支給される生活費は月に三百六十ポンド。アパート代は自治体が支払ってくれるのだから、豊かな生活とまではいかないが最低限の生活はできる。

実に人権に配慮した政策である。英国政府はこうした寛容で開かれた社会を作ることで、異民族、多文化が共生する豊かな社会が実現できると信じていた。ドアを閉ざして、移民たちの中に英国の社会や政府への憎しみを増大させるよりも、ドアを開くことで移民たちに英国への愛国心を植えつけ、結果的に穏やかな社会を作った方が、安全保障面でも都合がいいと考えていた。

英国は第二次世界大戦後、南アジアやカリブ海の旧植民地から移民を受け入れることで労働力不足を補い、戦後の復興に結びつけた経験があった。インド、パキスタン系やカリブからの黒人を比較的うまく英国社会に溶け込ませることに成功したことから、英国は移民対応に自信を持っていた。

また、移民を多く受け入れることは一時的には、教育費や医療費など社会保障負担を増やすことになるが、しばらくすると若い移民は働き手となって多くの税金を納めてくれる。財政面でもマイナスではないという考えが、英国には根強かった。

さらには政治亡命者の場合、独裁国家や内戦下の国から逃れてくるため、人道的配慮から受け入れざるを得ないという表向きの理由だけでなく、亡命者がその後、そうした難しい国の貴重な情報源になるとの期待が英国政府にはあった。実際、ロンドンにはアフリカやアジア、中東の反体制派組織が軒を連ねるごとく拠点を置いている。独裁者にとっては英国政府のやり方は、自分たちの命を狙うスナイパーを養うに等しい行為だったが、英国政府はこれが国益につながると信じていた。

ハセインの場合、生活支援として英語を学ぶための学費も自治体に負担してもらえた。九五年が明けるとミミと二人で語学学校に通った。

ロンドンの冬は暗い。朝は八時になっても日が昇らず、夕方は四時になると薄暗くなる。しかも、ほぼ毎日、曇り空が続き、しばしば冷たい雨が降る。冬でも青い空から赤い日の差すアルジェとは大違いだった。しかし、ロンドンでの落ち着いた生活は、ハセインの精神を安定させた。つい五ヵ月前からの軍につきまとわれる生活がうそのようだった。自分で自分の行動を決められることが何よりうれしかった。心の奥深くに沈んでいた重石《おもし》が解けるように、精神的緊張が少しずつ緩くなっていくのがわかった。

語学学校がスタートし、ロンドンでの暮らしに慣れたハセインは、この街にいる限り、自分の身に危機が及ぶことはないと確信できた。朝、自宅を出て語学学校に行く。そして、午後はアルジェリア人が集まるフィンズベリー・パーク・モスク周辺で友人との雑談を楽しんだ。このモスクは前年の九四年にオープンしたばかりだった。

アブ・ムハンマドに会いに行く

こうしてごく普通の生活をしていたハセインだが、時が経つに従い、アルジェの炎天下でヤシン・メルゾグイとやりとりした日について考えることが多くなった。落ち着いた生活が冷静な思考をよみがえらせたのかもしれない。

「なぜ、俺が狙われたのだろう」

「どうして自分があんな思いをしなければならなかったんだ」

そうした疑問が浮かぶと、自分と家族を翻弄《ほんろう》した、得体の知れないものに対し憎しみが湧いた。語学学校に出席する以外、特段やることもない日々が、ハセインから恐怖心を取り除き、その分、自分を苦しめた相手への憎しみを増大させた。

「やられっぱなしで終わってたまるか」

メルゾグイはともかく、その上司には一泡吹かせないと気が済まない、とハセインは思った。ロンドンでの平穏すぎるほど平穏な生活がハセインを大胆にしつつあった。ハセインはアブ・ムハンマドにもう一度、会おうと思った。ハセインが偽造用のパスポートを手渡し、その代わりに現金やファクス機を受け取った相手だった。一泡吹かせるにしてもまずは、相手の正体を確認する必要がある。アブ・ムハンマドを通してメルゾグイとその上司の正体を探ろうと思った。

アルジェを離れたとき、ハセインは二度とイスラム主義者やアルジェリアの軍、諜報機関と関わるまいと思っていた。それなのに、なぜイスラム主義者であるアブ・ムハンマドと接触したいと思ったのか。彼らに再度、近づくことを危険だと思わなかったのだろうか。

「当時、ロンドンではイスラム過激派のテロ、犯罪は皆無だった。だからロンドンにいる限り自分が狙われることはないと思っていた」

とハセインは言う。安全地帯に逃げ込んだという感覚がハセインを大胆にさせた。

ハセインは以前、アブ・ムハンマドから、「金曜の集団礼拝には必ず、リージェンツ・パーク・モスクに行く」と聞いたことを思い出した。このモスクはロンドン中心部にある英国最大のモスクである。正式名を「ロンドン中央モスク」といい、一九四四年のオープン式典には国王ジョージ六世も出席している。

ハセインはこのモスクで昼の礼拝に参加したあと、アブ・ムハンマドを待った。モスクの外では男が、「アルジェリアにイスラム共和国を建設するため支援を」と寄付を募り、多くのイスラム教徒がそれに応じていた。こうしたカネがアルジェリアのテロリストに渡っているはずだった。

しばらく待つと、礼拝を終えたアブ・ムハンマドが姿を現した。

「アッサラーム・アライコム」

ハセインが声をかけると、アブ・ムハンマドは一瞬、驚いたような顔付きをして見せた。アルジェから何の連絡もないのに、ハセインが現れたことに戸惑いを隠せないようだった。アブ・ムハンマドは表情をやや硬くした。

ハセインはほほ笑みながら手を差し出し、握手した。

「カネはちゃんと渡したぞ」

とハセインが相手の目を見て言うと、アブ・ムハンマドは表情をやわらげた。

「聞いている。素晴らしい仕事をしてくれた」

アブ・ムハンマドはカネの行き先について露ほども疑っていなかった。実にのんびりした男だとハセインは思った。こんな風だからアルジェリア軍にうまくやられるんだ。間の抜けたことを言っているこの男を見ているうちに、本当のことを打ち明けてやりたいと思った。

「カネを受け取った連中は、(武装イスラム集団のメンバーが隠れる)山岳地帯にはいないぜ」

「…………」

アブ・ムハンマドはハセインの言っていることが理解できないようだった。

「あれはアルジェリア軍に渡ったんだ」

集めたカネが仲間に届かず、敵であるアルジェリア軍に渡った。カネをだまし取られたと聞いたアブ・ムハンマドはショックで顔が緊張し、唇が震えた。

「お前の言っていることが理解できない」

近くではまだ、募金の声が響いている。

「アルジェリアの同胞に支援を」

ハセインは自分が軍にだまされ、カネの運び屋をやらされたと説明し、協力してもらいたいことがあると持ちかけた。

「次にアルジェから連絡があったら、知らぬふりをして会話を録音しておいてくれ」

アルジェリア軍に報復しようと考えているハセインはまず手始めに、誰がアブ・ムハンマドとやりとりしているのかを探ろうと考えた。

復讐は別のやり方で

数日後、ハセインはロンドン西部イーリングコモンの喫茶店でアブ・ムハンマドと待ち合わせた。以前、アブ・ムハンマドが娘を連れてきたのと同じ店だった。

あのときと違いアブ・ムハンマドの表情は硬かった。にらみつけるような目をハセインに向けている。小さなテープレコーダーをテーブルの上に置くとすぐ、再生ボタンを押した。雑音に混じってアラビア語の会話が聞こえてきた。

「ロンドンにベナシ（ハセインの偽名）が来ている。やつがお前のことを軍の協力者だと言っている」

ハセインは驚いた。自分が接触してきたことを明かさずに相手の声を録音するよう指示したはずなのに、アブ・ムハンマドは最初から、ハセインと会ったと明かしている。

それに対しテープの声はこう反応した。

「やつを信用するな。やつこそ軍の協力者だ」

電話の相手は、自分たちはあくまでイスラム主義者で、ハセインが軍の協力者だったと主張していた。

テープのやりとりを聞いたハセインは思った。アブ・ムハンマドのような男を少しでも信用した自分がバカだった。この男を利用して、アルジェリア側の様子を探ろうとしたのが間違いだった。録音テープの会話を聞き終えても、アブ・ムハンマドはしばらく無言だった。そして、突然、いらいらしたように口を開いた。

「この声なのか？」

ハセインはとっさに答えた。

「いや、この声じゃない」

本当は、テープの声に聞き覚えがあった。アルジェリア軍の幹部でメルゾグイの上司だった。GIAメンバーになりすまして、アブ・ムハンマドとやりとりしていたのはメルゾグイの上司だったのだ。これで十分だった。ハセインはアブ・ムハンマドと協力してアルジェリア軍に仕返しをする計画を、中止しようと思った。復讐は別のやり方でやらねばならないようだ。アブ・ムハンマドは信頼に足る人物ではない。ハセインはアブ・ムハンマドと二度と接触しまいと思い、テープの声を自分の知っている人間ではないとごまかし、早々に店を後にした。

英国の治安・諜報機関への疑心

ハセインはそのころ、ロンドンの知人宅で偶然、一人の人物に出会う。ムハンマド・セクーム。一九八〇年代に祖国アルジェリアを捨て、英国に渡った男だった。セクームは当時、アルジェリアからの亡命希望者たちを支援し、アパート探しや弁護士紹介の相談に乗っていた。自身は穏健なイスラム主義者だった。

ロンドンに長く滞在しているセクームは、この街のアルジェリア人社会の相談役的存在だった。ハセインはセクームを通して、数多くのアルジェリア人と知り合った。アルジェリア軍の弾圧を逃れて亡命してきたイスラム主義者が多かった。

何気なくそうしたアルジェリア同胞と付き合っているうちハセインは、不思議に思うことがあった。アルジェリアのテロを支援している連中が大手を振ってロンドンの街を歩いていた。アルジェリア軍から「殺人者」と指弾されている人間でさえ、ロンドンでは普通の生活を送っていた。ハセインは言う。

「そうした連中は、英国の治安・諜報機関の動きを的確に把握していた。まるで仲間同士のような話し振りだった。そのとき初めて疑ったんだ。英国の治安・諜報機関はイスラム過激派と取り引きしているんじゃないかと」

祖国アルジェリアでは連日、市民が殺害されていた。ロンドンのイスラム主義者たちはアルジェリアのテロリストたちに資金や武器を送っていた。英国側がその実態を知らないはずはないのに、英国政府はそれを止めようともしていなかった。イスラム主義者と英国の治安・諜報機関が互いに利害を一致させていると考えるのが合理的だった。

「英国はなぜ、テロ支援を止めようとしないのだろうか」

ハセインは英国政府の対応に疑問を抱いた。アルジェリアでは両親や妹、そして同僚ジャーナリストたちが混乱の中、必死で生きていた。アルジェリアのテロを支援している連中を、英国政府が故意に野放しにしているなら許せないと思った。

ロンドンのイスラム過激派たちとの付き合いを深めるに従い、英国の治安・諜報機関への疑心、不信はどんどん膨らんだ。

「ロンドンのイスラム主義者たちが何を考え、何をやっているのかを探ろうと思った。そして、英国政府にやつらの危険性を認知させるべきだと思った。アルジェリアへのテロ支援を止める方法があるなら、それを追求しよう。俺がロンドンにいながらできることは、それしかないと思った」

当時、フィンズベリー・パーク・モスク周辺にはアルジェリア人経営の肉屋、雑貨店、喫茶店が次々とでき、街は「リトル・アルジェ」へと変容していた。語学学校もこの地域にあった。ハセインは朝から、ここに来て英語を学び、仲間とコーヒーを飲み、アルジェリアで発行されている新聞を読んではモスクで礼拝をして過ごした。

最も尊敬したジャーナリストの暗殺事件

一九九五年三月二十七日のロンドンは冷えこみが厳しかった。春はまだ、先になりそうだった。ハセインは語学学校での英会話レッスンを終えたあと、いつものようにフィンズベリー地区をぶらぶらして帰宅した。なにげなくテレビを見ていたときだった。

「エルムジャヒド紙の主筆、モハメド・アブデラフマニが暗殺されました」

アルジェリア国営放送が伝えていた。ハセインの目は画面に釘付けになった。アブデラフマニはハセインが最も尊敬したジャーナリストだった。自分で車を運転して出勤する途中、交差点で停車したとき、何者かに銃を乱射された。病院に運ばれる途中で息をひきとった。

九五年はアルジェリアのジャーナリストにとって最も厳しい年だった。一月初めからジャーナリストの拉致、暗殺があり、一月二十一日には、GIAが声明で、「国営メディアに勤務するジャーナリストはただちに職を離れよ。さもないと攻撃する」と宣言していた。GIAにとっては、国営メディアは軍の宣伝機関であり、軍との戦争状態にある中、ジャーナリストへの攻撃も正当化されるという理屈だった。実際、九五年にアルジェリアで殺害されたジャーナリストは二十四人。一ヵ月に二人ずつ記者が殺害された計算になる。

アブデラフマニの暗殺にハセインは全身が震えるほどの憤りを覚えた。ジャーナリストの見習いをしていたころアブデラフマニに、

「なかなか勘がいいじゃないか」

とほめられたことがあった。ハセインはあのひと言で、ジャーナリストとしてやって行く自信を持った。見習い記者の身には雲の上の存在だったが、アブデラフマニはまったく尊大なところがなかった。知的で気品があった。あんなジャーナリストになりたいと思った。その彼の命が奪われた。アルジェリアでは文明が野蛮によって駆逐《くちく》されつつあるとハセインは感じた。

この暗殺事件の四日後、三月三十一日は金曜日だった。ハセインはフィンズベリー・パーク・モスクで集団礼拝に参加したあと、近くの喫茶店でデニデニと呼ばれるアルジェリア人と向かいあっ

た。ムハンマド・セクームに紹介されたイスラム主義者だった。ＦＩＳのメンバーだったためアルジェリア軍によるクーデター直後、英国に亡命していた。

静かにカプチーノを飲んでいたデニデニが突然、口を開いた。

「エルムジャヒドのモハメド（アブデラフマニ）がやられただろう。あれ（暗殺）は俺たちの仲間がやったんだぜ」

「……………」

ハセインは一瞬にして思考が混乱した。この男たちだったのか。アブデラフマニを殺害したのは。

「軍の宣伝ばかりしやがって。もっと早くやるべきだったよ」

デニデニは誇るように語っていた。ハセインに改めて怒りが湧いてきた。

「こいつらを絶対に許さない」

ハセインは苦いエスプレッソを一気に飲み込んだ。


ハセインは週末、デニデニの発言について考え続けた。ジャーナリストが狙われる中、ぎりぎりの精神状態で脅しに立ち向かっていたアブデラフマニの無念を思うと、じっとしてはいられなかった。ハセインはこのとき、デニデニの情報をアルジェリアの軍・諜報機関に流そうと思った。ハセインにとってアルジェリア軍は、かつて「普通の生活」を奪った「敵」だった。一方、イスラム過激派は、祖国を奪おうとしている「敵」で、アルジェリア軍は、そのイスラム過激派の「敵」だった。時には、敵の敵と組まねばならないときもある。

「スパイ中毒」

ハセインはアルジェリア大使館の諜報指揮官（機関員）に連絡した。自分から諜報機関にコンタクトするのは、これが初めてだった。

諜報機関には、組織に属しながらスパイを監督する指揮官がいる。その指揮官の指示の下、敵対組織の情報を入手したり、秘密工作を実行するのがスパイ（協力者）である。

ハセインは以前、セクームから大使館には諜報指揮官がいると聞いていた。指揮官はスパイを支配下に置き、スパイから吸い上げる情報を本国の諜報機関に送る役目を担っている。当時、ロンドンのアルジェリア大使館にはアリ・デルドゥーリという指揮官がいた。軍での階級は大佐だった。

ハセインは週明けの四月三日朝、アルジェリア大使館に電話を入れ午後二時、ホーランド・パーク近くの大使館を訪ねた。デルドゥーリは硬い表情だった。目の前の男がなぜ自分に会いに来たのか、いぶかっているのは明らかだった。ハセインはアブデラフマニ暗殺の件で、デニデニが言った、「俺たちの仲間がやった」という話を伝えた。デルドゥーリの表情が少しいきいきしたように思えた。イスラム主義者に関する情報をほしがっているのは確かだった。

この日は約一時間で会談を終えた。デルドゥーリは別れるとき、「二日後に電話をくれ」と言った。

ハセインは水曜日に電話を入れた。デルドゥーリは地下鉄ノッティングヒル・ゲート駅近くのパブで会おうと言って場所を指定した。その後、ハセインはフランス、英国の諜報機関でスパイとして働くことになるが、どの諜報機関も大使館や領事館でスパイと会うことを避けた。諜報の世界では会合場所として、大使館以外を指定する場合、情報提供者との会合であることを意味している。

パブで落ち合ったデルドゥーリとハセインはまず、ウィスキーで乾杯した。これをきっかけに二人は、たびたび会って、ロンドンに住むアルジェリア人のイスラム過激派について意見交換することになる。

なぜ、ハセインはこの当時、自ら進んで諜報関係者と接触したのか。一つはかつての上司、アブデラフマニが暗殺されたことでイスラム主義者に何らかの打撃を与えたいと思っていたためだ。自分の妻、息子を守るためには、危険な活動に首を突っ込むべきでない。平凡な生活に憩《いこ》いを求めるべきだろう。しかし、アルジェリアのことを考えると、じっとしていられないという気持ちもあった。

「祖国の仲間たちは毎日、身の危険を感じながら生きている。自分だけ、のうのうと生きていていいのかと思った。自分を責めるような気持ちが湧いてきた」

とハセインは説明した。

ただ、そうした正義感だけではハセインの奇っ怪な行動は説明できない。アルジェリアであれほど軍や諜報機関に痛め付けられた経験をしているのに、諜報関係者にわざわざ、近づく精神状態は不可解だ。そこに諜報活動への好奇心や「怖いもの見たさ」的な興味はなかったのか。私はどうしてもその点が腑《ふ》に落ちなかった。当時の行動について突っ込んで聞くと、ハセイン自身、説明がつかない面があるようだった。

英国から生活費を支給してもらい、英語を学び、アルジェリア人の仲間と付き合う生活は、アルジェでの悪夢からすれば、何の不満もない生活だった。ようやく人間らしい暮らしを取り戻すことができた。しかし、ハセインはそうした生活を退屈に感じたようだ。

当時の心境をハセインはこう説明した。

「軍の協力者になったとき、一時間後の自分がどこにいるかがわからない生活を体験した。胃の痛むようなつらい時間は、頭の中に強烈なアドレナリンが流れる体験だった。その日その日を全力で生きる毎日だった。あれほど緊張感のある経験をした者にとって、ビールを飲んでテレビでフットボールを見る生活、すべてがスケジュール通りに進む生活では、生きている気がしなかった。アドレナリンが体内を回る経験がしたいと思い始めたのだと思う」

自らの命を危険にさらして山に登り、極点を目指す人間を周りは理解できない。アルジェリアで諜報活動に接して以来、ハセインは冒険家よろしく、その刺激を忘れられなくなっていた。「スパイ中毒」と呼んでいい症状だった。登山家が家族の心配を無視して崖によじ登るようにハセインは、急速にスパイ活動という崖に吸い寄せられていった。夫婦関係の破綻は目に見えていた。

家族と離れ入院、そして離婚へ

ハセインはロンドンに来て三ヵ月ほどした一九九四年暮れごろから、フィンズベリー・パーク・モスクを訪ねるようになり、九五年に入るとほぼ毎日、このモスクで礼拝するようになった。モスク周辺には、アルジェリアの内戦を逃れてロンドンにやってきたイスラム主義者が集まり始め、モスクの礼拝者にもアルジェリア人が増えていった。モスク周辺にいる限り、アルジェにいるのと大して変わらない生活ができた。ほとんどの買い物はアラビア語で済ますことができ、アルジェリアで発行される新聞も一、二日遅れで入手できた。

九六年十月二十四日、ハセインには長女、ソニアが誕生した。家族の政治亡命はいまだ認定されなかった。ソニアはアルジェリア国籍だった。英国では当時、亡命の認否は通常、二ヵ月程度で判定された。それなのに、ハセインの場合、遅れに遅れた。申請から約二年になるのに、判断が出ないのは珍しかった。

内務省から、「面接に来い」との連絡が二度あったがその都度、内務省側の事情でキャンセルされた。ハセインは、「自分の経歴に問題があるのだろうか」と不安になった。祖国の内戦は激しさを増しており、いつアルジェリアに送り返されるかもしれないと思うと不安が募った。特に、幼い子供たちの将来を思うとつい、いらいらするのだ。

ハセイン以上に不安を募らせたのはミミだった。すでに説明した通り、亡命を申請する場合、パスポートを内務省に預け、その代わりに亡命を申請していることを示す書類を受け取る。これが身分証となる。パスポートがないため、英国外に出るには渡航許可証を取得する必要があり、政府に自分の行動を制限されている気分になる。日常生活に不都合はないが、精神的には圧迫感がある。

子を思う気持ちが強い分、ミミのいらだちはハセインへの怒りとなった。頼れるのは夫しかいないのに、その夫はいつも、ぶらりと家を出ては夜にならないと戻ってこない。

九六年ごろからフィンズベリー・パーク・モスクに過激なイスラム教徒が集まり始めていた。アルジェリア人の友人と一緒にモスクを訪れると、このモスク内の空気が急速に変化しているのがわかった。明らかに、このモスクからアルジェリアにテロ指令が出て、カネや人が送り込まれていた。スパイ中毒のハセインには、この動きが気になって仕方なかった。

ハセインはこうした思いを妻に説明したことがあった。するとミミは「ロンドンが過激派の拠点になっているなんてことは考え過ぎ」と言って取り合わず、亡命を認めてもらい、安定した仕事を探すことを優先してほしいと主張した。ハセインはこう述懐する。

「彼女は『人が殺されているのはアルジェリアでしょう。UK（英国）じゃないわよ』と言った。彼女は、俺の頭がどうにかなってしまったと思ったようだ。ロンドンのイスラム主義者とアルジェリアのテロのつながりを説明しても、理解してもらえなかった。彼女が俺の言ったことを理解したのは二〇〇〇年十月。俺がスパイ活動をメディアに暴露したときだった」

九六年から翌九七年にかけ、アルジェリアではテロが一段と激しさを増した。アルジェには両親や妹たちが暮らしている。いつ身内から犠牲が出るともしれなかった。ハセインはフィンズベリー・パーク・モスクで過激派の行動を追うことにますます熱中し、それに比例するようにミミの不満は高まった。ハセインが帰宅すると決まって、激しい口論となった。

「ここにはきれいな公園があって、あなたの好きなパブがある。楽しく暮らせるはずじゃない。仕事を探したらどうなの。家族のことも考えて」

ミミの言い方に、ハセインもつい言葉が荒れた。

「家族がアルジェで危険な目に遭っているのに、ビールでも飲んでいろと言うのか」

ハセインは精神的な疲れがたまっていくのを感じた。お互いしばらく顔を合わさず、気持ちを整理する時間を作りたかった。しかし、ハセインには収入がない。家族でアパート暮らしをしている限り、自治体がそのアパート代を負担してくれるが、この家を出るとなると、自分で家賃を負担しなければならない。

悩んだハセインの頭に浮かんだのは、徴兵時代の経験だった。精神障害を偽って入院してはどうだろう。今回もこの方法で危機を回避してやろうと思った。

私はこの話を聞いたとき、卑怯《ひきょう》という思いよりもむしろ、生活力の強さに感心した。平均的な人間には思いつかない発想だった。そこには、どんなことをしてでも生き抜こうという意志の強さがある。ハセインは困難に直面すると、正面からそれに取り組むことをせず、ごまかしや偽りを使ってでも何とかそれを回避しようとする。それはある面、頼もしさに通じる。

英国の国民保健サービス（NHS）は税金で運営され、住民が窓口で支払う費用は基本的に無料である。ちょっとした歯科治療や眼科検診から、先進医療の粋を集めた臓器移植に至るまで医師が必要と認める治療は、原則無料でサービスが受けられる。しかも、住居を英国に定めている者なら、国籍に関係なくサービスが利用できる。

ハセインは九七年三月から二ヵ月間、家族と離れ、ロンドン北部マスウェル・ヒルの聖ルークス診療所に入院した。

「だましたわけでもないんだ。実際に精神的に疲れていたからね。亡命のこと、妻子のこと、アルジェの両親のことなど考えることが多く、頭が混乱していた。それを医師に訴え認めてもらった。でも入院して驚いた。疲労程度で入院する者なんていなかった。毎晩、患者同士が怒鳴り合い、意味不明の叫び声を上げていた」

入院翌日、医師のカウンセリングを受けた。

「普段どんなことを考えていますか」

との問いにハセインは正直に答えた。

「イスラム過激派のテロが気になっている。ロンドンのイスラム過激派の動きを把握したいと思っている。それがアルジェリアのテロを止めることになる」

医師は穏やかに言った。

「ちょっと疲れているようだ。心配いらない。少し休めばよくなります」

ハセインは言う。

「ロンドンでイスラム過激派のテロを心配するなんて、かなり（精神を）やられているという反応だった。あのころ英国人が心配していたのは、アイルランド独立派によるテロだった。イスラム過激派の問題を深刻に考えている者なんていなかった。だから、俺の話を聞いて医師は、頭のヒューズが飛んでいると思ったのだろう。俺から言わせれば、この事態にのんびりと暮らしている英国人の方が、いかれていると思っていたけどね」

医師が治療の必要性を認めたため、ハセインは病院で暮らすことになった。結果的にハセインは、二度と家族と一緒に暮らすことはなかった。正式離婚は二〇〇一年九月初め。国際テロ組織アルカイダのメンバーが旅客機で高層ビルに突っ込む直前である。

フランス諜報機関との接触を決意

診療所での生活は実にゆっくりしたものだった。治療らしい治療もなく、渡される精神安定剤を飲むだけだ。一人部屋で朝食（午前七時半～九時）、昼食（午前十一時半～午後一時）、夕食（午後六時～七時半）をきちんと食べた。病室でのんびりと過ごし、カウンセリングはほとんど受けなかった。

「他の患者の症状が重かったから、病院は俺に注意を払うことはなかった。医師は、心の疲れをとることで治癒すると判断していたのだと思う」

ハセインは病室のコンピューターを使って日記を書き、看護師との会話を楽しんだ。規則正しい生活だった。フィンズベリー・パーク・モスクのことやアルジェリアのテロのこともしばらく忘れることができた。

医療スタッフや患者たちともいい関係を作った。患者は珍しい体験をしている者ばかりで、話していて飽きることがなかった。入院から一ヵ月が過ぎるころになると、頭がさえてくるのがわかった。冷静に自分の将来を考える余裕も生まれた。

「そんなとき思いついたのがスパイだった。俺にできるジハードは、スパイ活動だと。イスラムの名の下で、罪のない者が殺されるのが許されるはずがない。そうした行動を止めることこそ俺にとってのジハードだ。スパイになってイスラム過激派の動きを監視し、野蛮な殺人を阻止する。これならロンドンでもやれるかもしれない」

アルジェリアで家族や友人がテロの危険にさらされているのに、何もしないことは許されないとハセインが考えたことは理解できる。ロンドンからカネや武器がテロリストに渡っているとすれば、それを止めたいと思うだろう。ただ、過激派の動きを止めるためになぜ、スパイになる必要があったのか。ハセインはジャーナリストだったはずだ。その世界でテロと闘う選択肢はなかったのか。私には、そこが理解できなかった。

欧米やアラブ社会では、ジャーナリストとスパイとは案外近い関係にある。ジャーナリストを装いながらスパイ活動をしていたケースは枚挙にいとまがない。自身をジャーナリストと説明するハセインが、目的実現のためにスパイになる決意をするのは、ある地点に到着するのに、地下鉄を使うべきか、バスで行くか、どちらが近道かを考える程度の違いしかなかったのかもしれない。

「取材して記事にして発表する。これがジャーナリストの仕事だ。監視して、それを報告書にして組織に提出する。これがスパイの仕事だ。取材した内容を、公表するか、秘密にしておくかだけの違いしかないんだ」

とハセインは説明した。

ジャーナリストとスパイでは、目的そのものが違うと私は、思っている。同じ目的を達するための方法論の違いとは考えない。スパイとジャーナリストを同じと考えるのは、野球のボールと手榴弾を同一視するようなものではないか。腕を振って投げるという点では確かに同じだが、打者を打ち取ることと敵兵を殺害することでは、目的は違い過ぎるほど違うだろう。この点では、ハセインと私の考えはいつも平行線だった。

スパイは国家の利益を追求したり、保護したりするための活動であり、ジャーナリズムはその国家活動を監視することが大きな役割であるはずだ。一方で世界には、ジャーナリズムとスパイを近いものとする考えがあるのも確かだ。ハセインにとって、ジャーナリズムとスパイの距離は野球ボールと手榴弾ではなく、地下鉄とバスの違い程度のものだったようだ。

スパイになろうと決意したハセインにとって問題は、どの組織と組むかにあった。スパイは、一人で仕事をすることはできない。どこかの組織の指令で活動することが必須だ。集めた情報を提供し、その情報を生かす組織がないことには、それはただの情報通で終わる。

スパイは合法違法を問わず敵対勢力の情報を収集し、必要に応じてその敵対勢力の行動を阻止、妨害する者を言う。情報収集方法には、大きく分けて、人から情報を入手する「ヒューミント」と呼ばれる方法と、電話の盗聴やネット情報の傍受など機械を使ってなされる「シギント」という方法がある。各国の諜報機関は、ヒューミントとシギントを組み合わせて効果的な情報収集活動を行っている。

ハセインがまず考えたのは、アルジェリアの諜報機関（ＤＲＳ）と組むことだった。デニデニがアブデラフマニ暗殺を「自分たちがやった」と言うのを聞いて以来、ハセインはロンドンのアルジェリア大使館の諜報指揮官、アリ・デルドゥーリと頻繁に情報を交換していた。ハセインがフィンズベリー・パーク・モスク内の様子をデルドゥーリに伝える代わりに、DRSが持つ情報を提供してもらっていた。ただ、DRSはロンドンにおいては、あくまでも情報を収集するだけで、DRSを通して英国政府の政策に影響を与えることは難しかった。

当時、英国とアルジェリアの関係は弱かった。アルジェリアの状況が悪化の一途をたどり、その遠因がロンドンを拠点にしたイスラム主義者にあることが明らかになっても、アルジェリア政府は英国政府に対応を求めることができなかった。水面下でさまざまな要求がなされているはずだが、英国政府はアルジェリア側の要求を真剣に受け止めなかった。

さらにハセインが入院する九ヵ月前の一九九六年六月、アルジェリア大使館のデルドゥーリが、本国に帰任したこともハセインにとってはショックだった。酒を飲みながら母語で情報を交換できるため、いつしか二人は気の置けない仲になっていた。デルドゥーリの後任アブデルカデル・ベングリンは酒を飲まず、ハセインは最後まで親しい関係を作れなかった。

ハセインが次に考えたのは、英国の諜報機関と組むことだった。二十世紀初めから、英国はスパイ活動に力を入れ、新興のドイツに対抗した。軍事力だけではドイツに対応できないと考えた英国は諜報力を最大限に高めることで、二十世紀の二度の大戦に勝利し、さらに冷戦中にはソ連の動きを的確に捉えることができた。それが英国の対外諜報機関MI6と国内諜報機関MI5の功績であると、政府や国民は信じている。いまでも、英国の諜報能力は米中央情報局（CIA）と肩を並べ、世界トッププレベルにある。

当時、ロンドンでのイスラム過激派の動きを最も的確に把握していたのは、おそらくＭＩ５とスコットランド・ヤード（ロンドン警視庁）だろう。しかし、ハセインはこの時期、英国諜報機関のスパイになるのを躊躇《ちゅうちょ》している。理由は英会話能力だった。ハセインはすでに英語の日常会話に不自由はなくなっていたが、専門的な会話をする自信はなかった。

言葉の能力は往々にして、相手との立場を決めてしまう。会話能力に勝る者が主導権を握り、立場を強くする。英国の諜報機関と英語でやりとりすれば、自分が利用されるだけで終わるのではないかとハセインは考えた。ハセインの母語はフランス語とアラビア語である。英語の会話能力は発展途上の段階だった。

では、どこと組めばいいか。ハセインの出した答えはフランスだった。フランスはすでにアルジェリアのＧＩＡのテロ攻撃に苦しんでいた。歴史的経緯もあり、国内に大きなアルジェリア人コミュニティを抱えている。活性化したがん細胞が他の臓器に転移するようにアルジェリア国内の混乱は時間をおかずにフランスに伝播する。九四年十二月のエールフランス機のハイジャック事件、九五年七月のパリ地下鉄爆破テロなど、フランスはＧＩＡによるテロへの対応に追われていた。

しかも、九八年のサッカー・ワールドカップ（Ｗ杯）フランス大会を控え、ＧＩＡはＷ杯を狙ったテロを宣言していた。フランス諜報機関がロンドンのイスラム過激派への警戒を強めていることは間違いなかった。ハセインはフランス諜報機関と接触することを決意した。フランスを通して英国政府を動かし、ロンドンのイスラム過激派によるアルジェリアのテロ支援を止められるかもしれない、と入院中のハセインは考えた。

アブ・ハムザとアブ・カタダ

ロンドンが長い冬からようやく抜け出した一九九七年五月、ハセインは退院した。この二ヵ月間、妻と口論することもなかった。精神的な疲れは抜けた。早速、フィンズベリー・パーク・モスクに顔を出した。

二ヵ月ぶりのモスクには、それまで会ったこともない男たちが増えていた。ハセインの入院中に、このモスクには新たなイマーム（説教師）が登場していた。その後、イスラム過激派のカリスマとなるエジプト出身のアブ・ハムザだった。ハセインがこの過激な説教師を見たのはこのときが初めてだった。

個人の動きと、それを取り巻く世の流れが奇妙に一致することがある。ロンドンでのイスラム潮流はハセインの動きに共鳴するように、この街で動き始めていた。

ハセインがロンドンで暮らすようになったのが九四年九月。この前後にロンドンのイスラム過激派運動に大きな変化が起きている。米同時多発テロの実行犯にも精神的影響を与えたとされる説教師、アブ・カタダが英国に入国し、フィンズベリー地区で説教を始めたのが九三年九月。そして、過激なイスラム主義者の拠点となるフィンズベリー・パーク・モスクがオープンしたのが九四年三月だった。アブ・カタダが英国に入った半年後にモスクが開所し、そのさらに半年後にハセインが英国に渡ってきたことになる。

アブ・カタダは一九六〇年にヨルダン川西岸のベツレヘムに生まれたパレスチナ人である。ハセインの一つ年長だ。当時、西岸地区はヨルダン領だったため、アブ・カタダの国籍はヨルダンである。

八九年、パキスタン・ペシャワールに渡りシャリア（イスラム法）を教えた。本人は否定しているがそこで、国際テロ組織「アルカイダ」を創設するウサマ・ビンラディンと出会ったと言われている。クウェートのモスクで説教をしていた九〇年八月、サダム・フセイン率いるイラク軍がクウェートに侵攻したため、アブ・カタダはクウェートを追われ、ヨルダンに帰った。

アブ・カタダは九三年九月、アラブ首長国連邦（ＵＡＥ）の偽造パスポートを使って家族とともに英国に入国したとされている。すぐに、フィンズベリー地区の小さなモスクで説教活動をスタートした。

ハセインが九四年に英国に渡り、フィンズベリー地区を訪れるようになったとき、アブ・カタダは、もっぱらアルジェリア軍によるイスラム主義者への弾圧を批判し、ＧＩＡへの支援を呼びかけていた。ハセインがロンドンで最初に注目した説教師がこのアブ・カタダだった。

そして、九七年に診療所から退院したハセインがフィンズベリー・パーク・モスクで見たのは、もう一人の過激なイスラム指導者、アブ・ハムザだった。

一九五八年、エジプトの地中海沿岸都市アレクサンドリア生まれ。父はエジプト国軍の将校、母は小学校の校長だった。七九年、学生として英国に渡り、英国南東部ブライトンのブライトン技術専門学校（現ブライトン大学）で土木工学を学び八〇年、英国人女性と結婚して英国籍を取得する一方、エジプトの徴兵を拒否し八二年にエジプト政府から国籍を剝奪された。その後、アフガニスタンでムジャヒディン（イスラム聖戦士）として戦う中、過激なイスラム思想に染まっていった。九三年にアフガニスタンで地雷除去作業をしていたとき、地雷が爆発し両腕と左目を失った。治療のため英国に帰国し九六年、ルートンのモスクでイスラム説教師となった。左目は義眼を入れ、両腕に海賊キャプテン・フックを彷彿《ほうふつ》とさせる大きな金属製鉤を付けた姿がカリスマ性を醸し出し、人気説教師となった。

ハセインが最初に訪れた九四年暮れごろ、フィンズベリー・パーク・モスクは静かで穏健なモスクだった。信者にはパキスタンやバングラデシュなど南アジアからの移民が多く、モスクではいつも年寄りのイスラム教徒が居眠りをしていた。その雰囲気が変わるのが九六年ごろだった。内戦を逃れたアルジェリアのイスラム主義者が集まり始めた。アルジェリア混乱の激震が微震となってモスク内の雰囲気を変えた。

英国のモスクは信者たちで作るチャリティー財団が運営している。フィンズベリー・パーク・モスクの場合、北ロンドン中央モスク財団が運営主体になっていた。オープン以来、パキスタン系の穏健なイスラム法学者がイマームを務めていたが、九六年暮れごろから財団は説教師の交代を検討する。より人気の高い説教師を呼ぶことで、活気あるモスクを作ろうとしたようだ。応募してきたのがアブ・カタダとアブ・ハムザ、タイプの異なる二人の説教師だった。

財団の選定チームは二人の略歴を詳細に検討した。ともに、経歴的にはイマームを務める資格があると考えられた。説教の内容も明確で人気が高いことも確認された。二人と交渉した結果、財団が最終的に選んだのはアブ・ハムザだった。

イスラム過激派運動に詳しい英紙タイムズ記者、ショーン・オニールは自著の中で、「アブ・カタダは、モスクが集めるあらゆる収益の半分を自分の取り分とすることを要求した」と書いている。財団側がこの要求を拒否したため、アブ・ハムザが九七年三月六日、説教師として二年契約を結んだ。

アブ・ハムザがこのモスクの説教師になったことで、アブ・カタダはフィンズベリー地区から出て、拠点をロンドン中心部ベーカー街に移す。英国の作家、コナン・ドイルの小説で探偵、シャーロック・ホームズが下宿していたと描かれている街である。

アブ・ハムザとアブ・カタダはその後、袂《たもと》を分かった。アブ・ハムザはアルジェリアのテロ組織、GIAとの関係を強め、一方、アブ・カタダはGIAを離れ、アルカイダ系過激派組織「布教と聖戦のためのサラフ主義者集団（GSPC）」との関係を強めた。

GSPCはその後、「イスラム・マグレブ諸国のアルカイダ（AQIM）」と名称を変更したとされる。アルジェリア東部イナメナスで天然ガス精製プラントを襲撃した「イスラム聖戦士血盟団」はGSPCからの分派組織と考えられている。

九七年にアブ・ハムザがフィンズベリー・パーク・モスクのイマームとなって礼拝を指導することになってモスク内のムードは変わった。穏健な空気は消え、アルジェリアを中心にエジプト、ヨルダン、アフリカ系の過激なイスラム教徒が急増した。当時、英国のほとんどのモスクでは主に、年配者がイマームを務めていた。そのため、四十歳を前にしたアブ・ハムザの説教は若いイスラム教徒にとって魅力だった。しばらくするとモスクは、アブ・ハムザとその取り巻きが、若者をリクルートし、テロリストとして世界各地へ送り出す拠点となる。

アブ・ハムザが来る以前にフィンズベリー・パーク・モスクでイマームをしていたパキスタン系イスラム法学者は、モスクが過激なイスラム教徒によって支配されているとロンドン警視庁に伝えたが、警視庁はモスク内のことへの干渉に慎重だった。宗教に対し寛容な政策をとっている英国当局には、宗教施設内のもめごとに立ち入るべきでないという考えが強かった。英国の寛容政策が間接的に、殺人をも是認する過激なイスラム教徒を育てることになった。

アブ・カタダとアブ・ハムザはともに、国際テロ組織アルカイダとつながりを持ったアラブ系の過激説教師という点では一致しているが、違いが二つあった。

一つは英会話能力だった。アブ・カタダは九三年に英国に渡ったばかりで片言の英語しかできなかった。説教はもちろん、日常会話もすべてアラビア語だった。そのため、周りにはアラビア語を理解する者だけが集まった。アブ・カタダのグループは、過激なイスラム教徒の集団ではある反面、アラブ人の組織という民族的側面が色濃く出た。

一方、アブ・ハムザは二十代前半を英国の大学で過ごし、英語を流暢に操った。会話も説教も英語を基本に時折、アラビア語を使った。支持者には、パキスタンやソマリア出身でアラビア語を理解しないイスラム教徒のほか、英国生まれで英語しか話せない移民二世や三世も多かった。英語能力が民族性を薄め、より国際的な集団として裾野を広げた。

もう一つの違いが、アブ・ハムザが英国人女性と結婚して英国籍を持っていたのに対し、アブ・カタダは最後まで英国籍を持たなかったことだ。そのため英国政府はアブ・カタダを「外国人」として扱えるが、自国民のアブ・ハムザには、あらゆる権利を保障しなければならなかった。アブ・ハムザは英国籍を取得する際、形だけでもエリザベス女王に忠誠を誓っているのだ。

過激派の呪縛の中にあるモスク

私は二〇一四年二月、フィンズベリー・パーク・モスクを訪ねた。英国政府は米同時多発テロからしばらくしてこのモスクを閉鎖、〇五年に北ロンドン中央モスクの名で再オープンした。今では、地域コミュニティの拠点として穏健なイスラム教徒の礼拝、会合の場所となっている。

イスラム教徒がこの建物を使い始めたのは一九五〇年代、ドミトリー（短期宿泊施設）として利用し始めてからだ。当時、南アジアやマレーシアから英国に移住するイスラム教徒が多く、そうした新住民の一時滞在場所となった。建物の老朽化から七〇年代に取り壊し案が浮上したが、内部に小さな礼拝所があったため、地元のイスラム教徒から保存運動が起きた。

そして、八〇年代になって内部を大きなモスクに改修する計画が浮上した。それには八十一万二千ポンドが必要と見積もられた。サウジアラビア国王のファハドが八七年三月に英国を訪れた際、英国皇太子チャールズからモスクの改修計画を聞かされ、最終的にファハドが小切手を切った。モスクのオープニング式典（九四年）には皇太子チャールズも出席している。

モスクは外から見ると四階建て。中に入れば五階という建物である。ここを運営するチャリティー財団のエジプト人職員に案内されて中に入った。このスタッフは三年前からこのモスクの運営に携わるようになった。ジャーナリストを警戒してか、名前を出すことを最後まで拒んだ。

一階に大きな靴置き場があって、その横にイベント用の広い部屋。ここでは、地元住民を招いてのイスラム紹介行事のほか若者のスポーツクラブも開かれている。スポーツは金曜が男子、土曜が女子ということになっている。

階段を上ると、二、三階にそれぞれテニス・コート大のスペースがある。ふわふわの絨毯《じゅうたん》が敷いてあり、信者たちは好きなときにやってきて、ここで一日五回の礼拝を行う。地下には女性と五歳以下の子供用の礼拝室が設けられている。

金曜の集団礼拝には今も、アルジェリア、バングラデシュ、ソマリア系を中心に約二千人の信者が集まる。私が訪れた当時のイマームはチュニジア系移民だった。案内のエジプト人は、

「アブ・ハムザのいたころとはまったく違います。今では、地域に開かれたモスクですよ」

と何度も強調した。テロリストを輩出したイメージが強いことから、それを払拭《ふっしょく》するのに腐心している様子もうかがえる。毎年六月には、「オープン・モスク」という行事を開き、地元の住民や警察官を招いて、イスラムの文化や考え方を紹介している。

私が訪ねたころ、シリア内戦が激しくなり、多くの英国人がイスラム戦士として、反シリア政府軍に加わっていることがメディアを賑わせていた。実際、ロンドン西部やバーミンガムのモスクの

一部で、過激な説教師が若者を扇動し、シリアへ送り込んでいた。

北ロンドン中央モスクはすでに英国政府の強い監視下にあるため、ここから戦闘員が生まれる可能性は低かった。しかし、英国の市民やメディアには、イスラム過激主義と聞いて、このモスクを思い浮かべる者は少なくなく、モスクに対しメディアの取材申請が殺到していた。

このモスクからはかつて、パリ地下鉄爆破テロに関与したとされるラシッド・ラムダ、米同時多発テロの「二十人目の実行犯」とされるザカリアス・ムサウィ、米同時多発テロ直後に靴に仕込んだ爆弾を旅客機内で爆発させようとしたリチャード・リード、〇四年にロシア連邦北オセチア共和国で発生した「ベスラン学校占拠事件」の首謀者の一人、カマル・ラバット・ボウラルハ、そして一五年一月のパリ・シャルリー・エブド本社襲撃事件の犯人に影響を与えたとされるジャメル・ベガルなど、過激なテロリストが生まれている。

私とエジプト人職員が事務室で雑談しているときも、地元テレビ局スタッフが訪ねてきて、内部の撮影許可を求めていた。エジプト人職員は何度も、「モスクは過激派とは無関係」と主張して取材を断っていたが、テレビ局側も粘った。最後には、エジプト人職員が「いい加減にしてくれ」と強く取材を拒否し、事務室内に重苦しい雰囲気が広がった。このモスクは今なお、アブ・ハムザたちの呪縛から完全には解かれていない。

「スパイ・ジハード」への一歩

話をハセインに戻す。

モスク内の様子を観察していたハセインは早々に、病院で考えた計画を実行しようと決意する。スパイとなってテロリストたちに打撃を与える計画だった。祖国アルジェリアではテロの犠牲が拡大していた。このモスクからアルジェリアのテロ組織に、カネや人が送られている。

「金曜礼拝ではいつも、アルジェリアで何人の市民を殺害したかの報告があった。アルジェリアでは市民が息を潜ませて恐怖に震えながら生きていたのに、モスクの連中は、『我らの仲間が今週は何人の市民を殺害した』と声高らかに叫んでいた。冊子を配ってテロの成果を誇っていた。俺は仲間のジャーナリストたちが、命をかけて事実に肉薄しようとしていることを知っていた。両親や妹たちは市場に買い物に行くにも生命の危険と隣り合わせだったんだ。家族の帰りが少しでも遅くなるとみんな、何かあったのではないかと動揺していた。ロンドンでテロの根っこを抜いてやろうと思った。カネも人もロンドンからアルジェリアに向かっていた。アルジェリア・テロの源流はロンドニスタンにあった。俺はスパイ・ジハードを実行しようと思ったんだ」

ロンドニスタンとは、過激なイスラム教徒がロンドンに集まり、アフガニスタンやパキスタンのようになった状況を説明するためにメディアが作った言葉である。ハセインはスパイとしてイスラム過激主義と闘おうと思った。自分がやろうとしているのは、「スパイ・ジハード」だった。

ハセインはスパイ・ビジネスの請け負いに動き出す。すでにミミは、地元のイズリントン区役所に職を得て、何とか子供たちを養っていけそうだった。病院を出たハセインはロンドン北部ホロウェイ・ロードの安ホテルに入り、しばらくしてイズリントン区のアパートに移った。

ハセインはロンドンのフランス大使館を訪ねた。ここはハイド・パークの目の前、バッキンガム宮殿も目と鼻の先にある。白壁の四階建て。玄関上部に大きなフランス国旗と欧州連合旗が掲げてある。

「アルジェリアのジャーナリストだが、報道担当者に会いたい」

受付の女性はやや不審な目を向けながら、内線電話でやりとりしたあと言った。

「シャルル・フリエスが会うので、少しお待ちください」

しばらくすると報道担当のフリエスが姿を見せた。

ハセインはまず、フランス国籍を取得したいと持ちかけた。自分はアルジェリアの独立直前に生まれている。つまり自分はフランス生まれであると説明した。ハセインの狙いは諜報担当者と接触することだった。ただ、会話の入り口から、スパイ活動について触れると警戒される。

国籍取得は以前ほど簡単ではない、とフリエスは説明した。大使館の報道担当者として、ジャーナリストが自分に国籍取得を要求してくることに戸惑った様子だった。

しばらく国籍についてやりとりをしたあと、ハセインはおもむろに切り出した。

「二年前のパリ地下鉄爆破テロについて、やったのはＧＩＡではないとの情報がある」

フランス政府は地下鉄爆破テロについてアルジェリアのＧＩＡが実行したと考えていた。フリエスがすぐにハセインの情報に飛びつくことはなかった。まともな情報なのかどうかをまず見定めたいということだったのだろう。

「いつでも連絡のとれる電話番号をいただきたい。館内の担当者と話す必要がある。明日、こちらから連絡する」

ハセインはフランス大使館を離れた。フリエスとのやりとりは三十分ほどだった。

フリエスからの電話は約束通り翌日入った。領事部でパトリック・オデルに会うようにとのことだった。

ハセインはすぐに領事部にオデルを訪ねた。

「あなたの国籍のことは聞きました。すでに説明していると思いますが、容易でないことを知ってもらいたい。何ができるか考えてみます」

オデルはハセインの国籍問題について、フランス政府の考えを説明した。そうした話が一通り終わるとオデルは話題を変えた。

「ところで、あなたはロンドンのイスラム主義者に知り合いがいるのですか」

これが本題だった。ハセインがフランス語で「ウイ」と肯定すると、オデルは書類をとりだした。そこにはロンドンのイスラム主義者の名前が数人並んでいた。ほとんどがアルジェリア人だった。ハセインが友人のセクームや諜報指揮官のデルドゥーリから何度も聞かされた名前だった。ハセインはそれらの出身地や相互関係、所属グループに関する情報をそらんじてみせた。第一次試験に合格したのは確実だった。

オデルは言った。

「うちの大使館の者に四十八時間以内に連絡させます」

二日後、ハセインの携帯電話が鳴った。通信相手を表示するディスプレーには、知らない番号が並んだ。ハセインはフランス大使館からの電話だと確信する。

電話の相手は言った。

「レダ・ハセインかい？」

「答えは、あなたが誰かによりますよ」

と、レダは冗談で答えた。

「明日朝十時きっかりにフランス大使館で会いたい。ジェロムを訪ねてほしい」

翌日、ハセインは大使館の最寄駅である地下鉄ナイツブリッジ駅に着いた。駅を出るとすぐに高級百貨店ハロッズのショーウィンドーが目に入る。

ダイアナ妃がこの百貨店オーナーの息子と悲運の事故死を遂げるのは三ヵ月後、九七年八月末である。ハセインの運命もこのころ、大きく変わろうとしていた。

口頭試問に合格

レダ・ハセインは一九九七年五月、フランス大使館の受付で、会談相手である「ジェロム」の名を告げた。受付の男性は、職員名簿をひとしきり眺めたうえで言った。

「ジェロム、ジェロム、……。該当する名前はありません」

ハセインは「ジェロム」というのは、諜報担当者なのだろうと思った。これ以降、ハセインは何人もの諜報担当者と接触するが、ほとんどの場合、本名を名乗らなかった。「ジェロム」もコードネーム（偽名）であるはずだった。

受付でそうしたやりとりをしていると一人の男性が姿を現した。エレガントなスーツを着て、濃い口ひげを蓄えている。やや浅黒い肌から、フランス南部の出身かもしれないとハセインは思った。

男性はハセインに近づくと静かに右手で握手を求め、「ジェロムです」とファースト・ネームだけを明示した。後日、ハセインは独自調査で、「ジェロム」の本名がジル・ジェラールであることを突き止めている。しかし、ハセインはこの男性と付き合う間、最後まで、「ジェロム」と呼び続けたので、ここでもこの名で話を続ける。

厳重な警備器機を抜け、ハセインは大使館一階の会議室に案内された。大きなテーブルに椅子が四十席ほど並べてあった。ジェロムとハセインは二人だけで向き合った。

ジェロムはまず、ジャーナリストの経験について聞いてきた。ハセインはアルジェリアの新聞社で働いてきたことを説明した。ジェロムの言葉遣いから明るく、礼儀正しい男性だとハセインは感じた。

雑談を終えたジェロムは鞄から分厚いファイルを一冊、とりだした。中には五十人以上の顔写真が並んでいた。すべてイスラム主義者の顔写真だった。スパイ採用の口頭試問かもしれないとハセインは思った。

「何ですか、これは。ひげ面男の写真集ですか」

ハセインは冗談を言った。空気がやわらいだ。ジェロムもこの手の冗談は嫌いではなさそうだった。

ジェロムは顔写真を示しながら一人ひとりについて、名前やモスク内での行動について問うた。ハセインは知っていることを短く答えた。多くはフィンズベリー・パーク・モスクで見かけたことのある顔だった。ただ、名前まで知っている顔、見たことはあるが名前は知らない顔、まったく見たこともない顔があった。知ったかぶりをせず、正直に答えた。

一通り口頭試問が終わるとジェロムはファイルを横に置いた。

「フランスは今、テロ攻撃の脅威にさらされている。ロンドンにいるGIAメンバーに関する情報を入手したい。彼らが何を考え、どんな行動をとり、誰とどんな連絡をとり合っているのか。それがわかるならありがたい」

ハセインは相手のペースで話が進むのを避けるため、自分の持っている情報の一部を示した。

「パリの地下鉄爆破テロの背後にはたぶん、アルジェリアの諜報機関DRSがいる」

ジェロムの目が真剣になったように思えた。

「信じてもらえないかもしれないが」と前置きしたうえで、ハセインは一つの事実を明かした。それは、パリ地下鉄爆破テロ(九五年七月二十五日)の二日前、パリのアルジェリア大使館で、欧州各国に駐在する諜報担当者幹部による会合が開かれたというものだった。なぜ、ここで突然、地下鉄爆破テロに関する情報を提供したのか。ハセインはこう説明する。

「俺が情報通であることを示すことで、何も知らない工作員が仕事を探してスパイ請け負いに来たと思われるのを避けたかった。軽く見られたくなかったんだ。以前、聞いた話を思い出し、この話は使えると思ったんだ」

パリの地下鉄サンミッシェル駅爆破テロでは十人が死亡、百人以上が負傷した。当時、ハセインはロンドンのアルジェリア大使館を訪ね、諜報指揮官のアリ・デルドゥーリと頻繁に会っていた。その過程でパリの会合について知った。

諜報担当者幹部の会合目的は、九五年十一月に予定されていたアルジェリア大統領選挙への対応だった。前年に大統領に指名されたリアミーヌ・ゼルーアルを、軍と諜報機関は民主的選挙で勝利させようと画策し、出先の欧州でもそのための方策が話し合われた。

ＧＩＡは大統領選挙に反対しており、選挙を前に投票者の殺害を宣言していた。軍や諜報機関にとってテロ対策こそが選挙成功の最大の鍵だった。そのためデルドゥーリをはじめとする欧州の諜報担当者幹部はパリで会合を開き、欧州に巣くうＧＩＡネットワークについて情報を交換して大統領選挙の成功に結びつけるつもりだった。

その会合の二日後にパリの地下鉄爆破テロが発生した。実際のところ、会合と地下鉄爆破テロとの間に、何らかの関連があったかハセインは知らない。テロの背後にアルジェリア軍がいるという証拠どころか、それをうかがわせる状況証拠さえない。ハセインが知っているのは、会合が開かれたという情報のみだった。アルジェリアの諜報機関がパリ地下鉄の爆破テロ情報を事前に察していた可能性はあるが、会合でそれが話し合われたかどうかはわからない。

ハセインの話を聞いたジェロムは言った。

「我々の情報では、地下鉄を攻撃したのはＧＩＡだよ」

ハセイン自身、地下鉄爆破テロの実行犯はＧＩＡだと考えていた。実際、フランス政府は二〇〇五年十二月、アルジェリア生まれで当時、ロンドンに暮らしていたＧＩＡメンバー、ラシッド・ラムダを逮捕している。地下鉄爆破テロを支援するためフランスに住むＧＩＡ戦闘員に資金を送った容疑だった。フランス政府はアルジェリア諜報機関からラムダに関する情報を入手し、英国政府に身柄の引き渡しを求めた。英国政府がそれに応じたのが〇五年十二月だった。

諜報担当者幹部による会合の情報は、ハセインが情報通であると思わせるには、まずまずの効果を発揮したようだ。ジェロムは近く、連絡することを約束して言った。

「次は外で会おう」

ハセインは口頭試問に合格したと確信した。諜報担当者とスパイは、必ず大使館の外で会合を持つ。「外で会おう」という言葉は、スパイの世界では、「君は合格した」と同義なのだ。

ハセインは大使館を出た。目の前にハイド・パークの緑が広がっていた。ロンドンは最も美しい季節を迎えつつあった。

虐殺を歓迎する集団

数日後、ジェロムからハセインに電話が入った。大使館前のシェラトン・ホテルに来て、玄関で周りを見回し、ジェロムの姿を確認したら、二十〜三十メートルの間隔を空けて、付いて来いという指示だった。

ハセインは命じられた通りジェロムの背中を見ながら歩き、近くのフランス料理店「ビクター」に入った。ジェロムは店に入ると慎重にテーブルを選び、入り口の見える席に腰を下ろした。店は半地下になっている。ジェロムの選んだ席は外からは見えないが逆に、中からは玄関付近が見える。スパイの会合にはおあつらえ向きの席だった。

「何を飲もうか。赤でいいね」

ジェロムがほほ笑みながら言った。ランチだったが赤ワインを飲むことになった。ボルドーを注文し二人で乾杯した。すぐにボトルが空になり、二本目をオーダーした。

フランスとアルジェリアは歴史的に近い関係にあり、互いに最も深く相手を知っている。近すぎることで時に、それが近親憎悪に似た感情を生む。ハセインはフランス語でやりとりできることで、リラックスできた。

ジェロムはフランスの置かれている状況を簡単に話した。

「不幸なことに、私たちは今、かつての植民地と良い関係を築けていない。フランス外交の失敗だ。アルジェリア、カンボジア、そしてベトナム。フランスにとって重要な三ヵ国でそろって独立後、多くの血が流れたことはとても残念だ」

英国が英連邦を作り旧植民地諸国とおおむね良好な関係を維持しているのに比べ、フランスは旧植民地との関係を十分、改善していないとジェロムは考えていた。ジェロムはしばらくするとパリ地下鉄爆破テロについて切り出した。

「やはり私たちの調査を精査した結果、先日、話のあった地下鉄爆破テロとアルジェリア諜報機関との関係は見いだせなかった」

ジェロムとハセインの会談は夕方になっても終わらなかった。ハセインはジェロムを信頼に値する人間と思えた。

「いろんな話をした。サッカーの話、女性の話、両国の歴史。俺とジェロムは個人的に気が合った。三ヵ国の諜報機関で働いてみて、個人的に気の合う関係はジェロムだけだった。ジェロムとは昼過ぎにレストランに入って、ワインを飲み、六時を過ぎてもまだ話が終わらなかった。楽しみながら、仕事ができた。スパイと指揮官の関係もフランス流だった。話していると同じ川を渡っている気がした。英国の諜報機関とは、決して個人的な関係には発展しなかった。こっちが濁流を泳がされ、それを指揮官が土手の上から眺めているような関係だった」

ハセインは店を出るとき、ジェロムにスパイとして協力する用意があると告げた。

当時、アルジェリアの治安状況は悪化の一途をたどっていた。地獄への崖を急速度で降りているようだった。ＧＩＡメンバーのやり方は壮絶を極めた。アフガニスタンで旧ソ連軍と戦った「ムジャヒディン」と呼ばれる武装メンバーの中でも、とびきり過激な連中がＧＩＡに加わっていた。ボスニア紛争が九五年に終わり、イスラム主義者にとってアルジェリアこそが、イスラムのための戦いの最前線になっていた。

一九九七年七月二十七日、アルジェ南郊ラルバアー・シゼルーク地区で停電が発生し、その間に武装したＧＩＡゲリラが村を襲った。テロリストたちは拳銃で村民の胸を撃ち、ナイフで首をかき切った。一晩で約五十人の住民が殺害された。さらに八月二十一日には、ラルバアー南隣、スヌーアで六十人以上が殺害された。

八日後の二十九日夜にはラルバアー近くのレイ村に銃やナイフで武装したＧＩＡメンバーが侵入し、住民を無差別に殺害した。成人男性だけでなく、老人や子供までが襲われた。住民の首や性器を切り落として、遺体を焼いた。憎しみの極限表現だった。血の凍るような無差別虐殺は日が昇るまで続き、若い女性は山岳地帯に拉致された。政府は一晩で二百三十八人が殺害されたと発表した。さらに、九月二十二日にはアルジェの南十五キロの小さな村ベンタルハが襲われ、赤ん坊までもが殺されて女性はレイプされた。被害者は四百人になった。

ハセインは毎日、フィンズベリー・パーク・モスクで潜伏、監視を続けた。こうした虐殺が起きる度、アブ・ハムザはモスクの礼拝者に言った。

「我々の仲間が不信心者の殺害を成し遂げた。共に喜ぼう」

信者たちに配布される印刷物でも、アブ・ハムザたちは虐殺を歓迎、祝福していた。異常な世界だった。ハセインの祖国は世界の狂信者たちの餌食《えじき》になっていた。

さすがにモスクに集まる礼拝者がすべて過激な連中ではなかった。ベンタルハの虐殺をアブ・ハムザが褒め称《たた》えたとき、礼拝者の中から抗議の声が上がった。

「市民が殺害されてうれしいのか」

「我々の敵はアルジェリア軍だ。あなたたちは女性や子供たちまで殺害しているではないか」

「罪のない市民を殺害することが、どうしてジハードなのか」

モスクのあちこちから怒りの声が上がり、最後にはアブ・ハムザの取り巻き連中と殴り合いになった。

グローバル化＝過激派の世界ネットワーク強化

ロンドンの街中は、こうしたモスクの異常な世界とは完全に隔絶していた。人々はこの街の一角に、殺人や虐殺を歓迎する集団が生まれていることを知らなかった。

ジェロムとの次の会合はロンドンの高級ショッピング街ナイツブリッジにあるピザ店だった。店内にはジャズが静かに流れていた。二人が会話するには問題ないが、隣のテーブルからは会話が聞き取りにくい音量だった。スパイの会話にはもってこいの店だった。

ワインを飲み始めてしばらくしたとき、ジェロムが声を潜めた。

「私はＤＧＳＥの人間だ。ロンドンでの責任者だ」

ジェロムはこのとき初めて、自分が単なる外交官ではなく、フランス諜報機関「対外治安総局（DGSE）」の英国における責任者であることを打ち明けた。

「あなたをDGSEのエージェント（スパイ）としてリクルートしたい。すでにパリ（DGSE本部）の了解は得た」

正式提案だった。ハセインはこう答えた。

「公正な取引をしたい。協力するにはフランス国籍が取得できる保証がほしい」

ジェロムはフランス国籍の取得は容易でないことを説明した。

「これからの働きしだいだ。君の情報が素晴らしいものだったら、国籍問題でも私は自信を持って上に推薦できる」

会話は細部に入った。ビル・エバンスのジャズ・ピアノが二人の会話をかき消している。

「何をターゲットにしたらいいんだい」

とハセインは聞いた。

「ロンドニスタンだよ」

ジェロムは静かに笑った。

このころ各国の治安・諜報当局者も、「ロンドニスタン」の造語を使い始めていた。「ロンドニスタン」をターゲットにするとは、過激な説教を繰り返すアブ・ハムザとアブ・カタダの動きを追えということだった。ハセインは報酬について聞いた。

ジェロムは、「情報の質次第だ」と言いながら、目安として報告一件につき二百ポンドを提示した。ハセインは了解した。以降、毎週金曜礼拝の後、ハセインはモスク内の様子をフランス語で書いて報告し、見返りに封筒に入った二百ポンドを現金で受け取ることになる。常に五十ポンド札で四枚だった。その後、ハセインがスパイとして付き合ったロンドン警視庁とMI5はともに二十ポンド札を使っていた。

また、ハセインは月曜や火曜にも昼食をとりながら、週末のモスク内の様子を報告することがあった。そのときも二百ポンドを受け取った。

ワイン・グラスを手にしながらジェロムは言った。

「(報酬を支払った場合) 領収書にサインしてもらうよ」

ハセインが仕事をした三ヵ国の諜報機関の中で領収書を求められたのは、フランスDGSEとロンドン警視庁だった。

ジェロムとの契約は成立した。ワインはすでに三本目に入っている。ボルドーの赤が二人の気持ちをやわらかくしていた。

二人はピザ店を出た。ハセインは一緒に仕事ができる相手が見つかったと思った。ただ、課せられた仕事は決して易しいものではなかった。フランスはイスラム過激派に関する情報をすでに多く持っている。フランスが期待するのはさらに、高度な情報や作戦になるはずだった。

それ以降、ハセインは毎日、フィンズベリー・パーク・モスクに通った。自宅からバスに乗って午後一時にはモスクに入った。ひげ面の男たちがたむろする中で昼、夕、そして夜の礼拝を済ませ、バスで帰宅する毎日だった。礼拝と礼拝の間は、モスクでくつろぎ、周辺のアルジェリア人経営の喫茶店で時間をつぶした。

昼の礼拝前後にアブ・ハムザは声明を発表することが多かった。ハセインは、ひと言ひと言を聞き漏らすまいと神経を研ぎ澄ました。メモはとれない。あくまで自分の脳に覚え込ますしかない。アブ・ハムザの取り巻きはモスクの隅で、若いイスラム教徒と頻繁に話し込んでいた。アフガニスタンの軍事訓練キャンプへ若者を送る準備だった。そうした会話もそれとなく聞いて、脳内メモリーに記憶させた。

たとえばこんな会話だった。

「パスポートがほしい」

「わかった。すぐに用意する。カネはあるんだろうな」

偽造パスポートは千ポンド前後で受け渡しされていた。英国だけでなくベルギー、フランス、ドイツなど各国の偽造パスポートがやりとりされていた。偽造パスポートは渡航のためだけでなく、不法滞在や金融機関からの資金の詐取のためにも使われていた。

イスラム主義者たちが偽造パスポートを使ってカネを不正に取得するのには、こんなやり方があった。

まず、偽造パスポートでアパートを借りる。多文化主義をとる英国の不動産屋は、賃貸希望者に国籍を問うことはほとんどない。特に米同時多発テロ以前、英国は不法滞在者にとって天国だった。形だけでも身分を証明するものさえあればアパートを借りることができた。偽造パスポートを提示しても、詳しくチェックされることはなかった。

アパートを借りるとすぐに、ブリティッシュ・テレコム（BT）に連絡して、電話契約をする。ここでも身分を確認されることはない。たいていのアパートにはすでに電話線が引かれてあるため、BTのスタッフは新しい電話番号を伝え、「壁のソケットに差し込めばつながります」と言うだけだ。BTのスタッフがアパートに来ることもない。

しばらくすると電話代の請求書がアパートに届く。それには住所と名前が記されてある。英国では、公共料金の請求書が住所確認に使われる。BTからの請求書と偽造パスポートを持って銀行に行くと、すぐにクレジット・カードを作ってくれる。

カードを作って半年ほどするとローンの限度額が一万五千ポンド程度に引き上げられる。すぐに限度額いっぱいを借り入れ国外に逃走する。過激な連中はこうして、一万五千ポンドの現金を持ってアフガニスタンの軍事訓練キャンプに参加していた。

ハセインは証言する。

「英国のテロ対策は緩かった。フランスでは考えられないレベルだった。フランスではアパートを借りるにも、電話を引くにも、銀行口座を作るにも、すべてに厳密な証明が必要だった。だから多くの過激派がパリを離れてロンドンに移った。人間は自由な社会が好きだ。イスラム主義者も例外じゃない」

こうやって過激なイスラム主義者たちは欧州での拠点を、パリからロンドンに移し、ロンドニスタンを形成していった。ただ、英国の不動産業者や金融機関は現在では厳しい審査を行っている。

ハセインが紹介したのはあくまで、イスラム過激派たちの資金集めの一つの例である。英国は国の壁を低くして人、モノ、カネ、情報の流れをできる限り自由にすることで、世界の人やカネを集めている国だ。グローバル化する社会では、豊かな国、都市を作るには、あらゆる事務手続きを簡素化することが必要だった。イスラム過激派たちはグローバル化の波を、自分たちの組織の強化、拡大に利用した。一九九〇年代から急速に進んだグローバル化が、過激派の世界ネットワーク強化につながった。

ハセインはモスク内で行われている違法行為に神経を集中していた。

「あのころ、自分の目はカメラのようだった。一つひとつのシーンを目の奥に焼き付ける。そして、耳は集音マイクを付けた録音機のようだった。テロに関係しているかもしれない連中の話し声は、少し離れたところから集中して聞き、耳に覚えさせた」

モスクから帰ると大急ぎで報告書を作った。その日のアブ・ハムザの話や取り巻き同士の会話、自分が目撃したことを詳細に書いた。モスク内の見取り図を作成することも多かった。そして、こうして作ったレポートを週平均二回、ジェロムに手渡し、その都度、二百～三百ポンドを受け取った。もちろん領収書へのサインも忘れなかった。

アブ・ハムザがフィンズベリー・パーク・モスクを拠点にするようになって、もう一人の過激なイマーム、アブ・カタダがフィンズベリー地区から姿を消したことはすでに書いた。ハセインはアブ・カタダの行方《ゆくえ》がつかめなくなった。ベーカー街のスポーツジムで金曜礼拝していると教えてくれたのはジェロムだった。

ハセインは普段はフィンズベリー・パーク・モスクに通い、金曜昼の集団礼拝のときだけはアブ・カタダを監視するようになった。

アブ・カタダのスポーツジムは多くても六十〜七十人しか入れないような小さな場所だった。二千人が入るアブ・ハムザのフィンズベリー・パーク・モスクとは礼拝の規模が違った。ただ、アブ・カタダを監視する方が緊張感は高かった。少人数である分、人々の中に身を紛れ込ますことが難しい。また、フィンズベリー・パーク・モスクは大きい分、穏健なイスラム教徒も少なくなかったが、アブ・カタダの方には、より過激なテロリスト、精鋭中の精鋭だけが集まっているように思えた。

ジェロムはハセインに金曜礼拝ではアブ・カタダを監視するよう指示した。フィンズベリー・パーク・モスクには、別のスパイを潜入させていたためかもしれない。アブ・ハムザは英語で説教するため、パキスタンやトルコ系、極端に言えば、英国人やフランス人でも理解できた。スパイを送り込むのはさほど難しくなかっただろう。一方、アブ・カタダの説教はアラビア語だったため、礼拝者はほぼ全員がアラブ系だった。ジェロムもアブ・カタダの方にスパイを潜入させることに苦心していたのかもしれない。

諜報機関はスパイを潜入させる場合、できるだけ複数を送り込む。スパイの持ってくる情報のウラをとるには、別のスパイの情報が必要になる。スパイ同士はお互い、それを知らない。ただ、多くのスパイは、自分もまた別のスパイに監視されていると思いながら仕事をしている。ハセインはそれをアルジェリアの諜報指揮官、アリ・デルドゥーリから教えられた。

「だからプロのスパイは情報をごまかして報告することはない。不確実な情報は不確実であることを示して報告する。捏造した情報を上げれば見抜かれる。だから俺は自分の目で見て、耳で聞いたことだけを報告した。アリから教わったのは、とにかく自分が実際に見て、聞いたことを報告すべきということだった」

英仏のテロ対策の違い

金曜の集団礼拝では正午過ぎから信者が集まり、アブ・カタダやアブ・ハムザは約一時間演説をぶった。

「二人のスピーチ内容はほぼ同じだった。『アルジェリアの不信心者を殺したら天国に行ける』『天国に行くためには戦え。戦って死ねば天国の扉が開く』『現実の世に意味はない。死後の世界こそが本当の世界だ』。米国人を殺せ、ユダヤ人を殺せ、英国人を殺せ。こうした殺人の教唆のような発言がなぜ、堂々とまかり通るのか理解に苦しんだ。無責任なことを発言する彼らも、そしてそれを黙認している英国政府も、『表現の自由』の意味をはき違えていると思った」

ハセインがいたたまれなくなったのは、若いイスラム教徒が疑問を感じることなく、それを熱心に聞いていることだった。欧米社会において、「表現の自由」は最も守られるべき価値と理解されている。イスラム過激派はそこに付け込んでいる。アラブ諸国の独裁国家では、自由の解釈は政府の裁量の下にある。治安を不安定化させ、独裁者を非難する発言は許されない。アブ・カタダやアブ・ハムザのような演説は、「表現の自由」が保障されている空間でのみ許されるのだ。

フランス大使館のジェロムの指揮を受け、スパイ活動を始めてしばらくすると、ハセインはフランス諜報機関がイスラム過激派に関し、表面的な動きだけでなく、彼らの独特な思想までも的確に把握していることを知った。

フランスは歴史的にイスラム社会との付き合いが深い。ナポレオンは十八世紀後半、エジプトに遠征し、二十世紀になるとフランスはシリアやレバノン、北アフリカを統治している。今では人口の一割がイスラム教徒である。パリには世界最大規模のイスラム研究施設があり、イラン革命の指導者、ホメイニ師が暮らしたのもパリだった。

さらに一九九四年から九五年にかけ、GIAのテロ攻撃対象になったこともあり、フランスはアルジェリアのイスラム過激思想の潮流や背景についても理解を深めていた。ジェロムはこんなことをぽつりと言ったことがある。

「彼らは死ぬことを幸せとさえ考えている。だから、テロは防ぎようもない」

ハセインはその通りだと思った。イスラム過激派の怖さや強さの源流をたどれば、彼らの死との向き合い方に行き着く。イスラム教徒は死後の世界を信じている。ハセインはたびたび私に、日本人の死生観について聞いてきた。死後の世界を信じないまま現世を生きることは不可能だと考えている風だった。

イスラムは平和を愛する宗教である。ただ、イスラムの価値を脅《おびや》かす者に対しては、戦ってイスラムを守ることを義務付けている。イスラムの敵と戦って死んだ者には、殉教者として天国が約束されている。

よく言われるジハードは本来、自己との精神的な闘いであるが、一部の過激なイスラム教徒は武器を持って戦うことこそジハードであると考えている。彼らにとってイスラムを脅かす敵と戦って死ぬことは、天国への切符を手に入れることなのだ。命を惜しまない者との戦いほど、難しく危険なことはない。イスラム過激派を監視する過程でジェロムは、彼らとの戦いに勝利することの難しさを実感しているようだった。

また、ジェロムの話には端々に、英国政府のテロ対策への不満がにじんだ。

「英国の治安機関は自国が危険にさらされない限り、外国でどんなテロが起きようと、どれだけ虐殺が行われようと関心を示さない。テロ指令が英国内から発信されていても、自分たちの問題だという認識が薄い」

フランスはすでにテロの被害に遭っていた。九〇年代に世界に拡散したイスラム過激派がいかに危険な連中であるか身をもって知っていた。ジェロムは、英国政府がそうした危機感を共有していないと考えていたのだ。ハセインは言う。

「フランスと違って、英国はまったくイスラム過激派の思考を理解していなかった。ジェロムは英国のやり方が手ぬるすぎるといらだっていた。フランスが危険人物の情報を提供しても、英国は何の手も打たなかった。英国はアルジェリアの過激組織とでも交渉可能と考えているようだった。少なくともジェロムはそう思っていた。英国のテロ対策は長年、アイルランド共和軍（ＩＲＡ）に集中していた。過激なイスラム思想への対応が甘かったんだ」

フランスがイスラム過激派に対しどれだけ厳しい措置をとっても、欧州連合（EU）のメンバーである隣国、英国が十分な対策をとらなかったら、過激な連中はパリからロンドンに活動の拠点を移すだけで組織を生き延びさせる。EU域内を移動する際のチェックは、域外の国境を越える場合に比べて格段に緩いため、人やモノは国境を越えて移動する。もちろんテロリストが国境を越えるのも容易なのだ。

フランスはトルコやバルカン半島と地続きであることや、地中海をはさんで北アフリカ諸国と近いことから長年、イスラム教徒と付き合ってきた。一方、英国は英仏海峡をはさんで大陸と切り離されているという地理的要因もあって、フランスに比べれば距離を置きながらイスラム社会と付き合うことが可能だった。中東や南アジアを植民地とする過程で英国は、イスラムとの関係を強めたが、人や文化の流入をある程度コントロールしながら、イスラムと付き合ってきた。テロ対策という面では、英国の最大の脅威は長年、北アイルランド問題だった。

そのため、英国政府がイスラム過激派対策を強化したのは米同時多発テロ以降だった。米国から大きな圧力がかかり、それに抗しきれずに国内の過激派対策をとった。しかし、その時点でもまだ、英国の対応は米国やフランスに比べ腰が引けていた。英国が本気でイスラム過激派との戦いに入ったのは二〇〇五年七月、ロンドンで地下鉄とバスが爆破された瞬間だった。トニー・ブレア首相はこのとき、「ルールが変わった」と述べた。この発言を裏返せば、〇五年七月まで、英国はルールを変えていなかったことを意味する。

無謀な提案

一九九七年も夏になると、ジェロムはたびたびハセインと連絡をとるようになった。サッカーW杯フランス大会を翌年に控え、イスラム過激派が大会期間中にフランスを攻撃すると宣言したためだ。国際的威信にかけてもフランスはそれを阻止する必要があった。

ジェロムから緊急に会いたいとの電話が入ったのは、そんな時期だった。受話器から伝わる声のトーンは明らかに普段と違っていた。

二人はロンドン中心部ピカデリー・サーカス近くのレストラン「バンコック・ブラッセリー」の地下で会った。しばらく話したあと、ジェロムが声を落として言った。

「アブ・ハムザをモスクから誘拐できないか。フランスの司法手続きに乗せたい」

「…………」

ハセインはすぐには返事ができなかった。

ジェロムとの付き合いで、英国政府がアブ・ハムザを野放しにしていることに、フランス政府がいらだっていることはわかっていた。英国政府への不信という意味では、ハセインも同じ気持ちだった。ただ、誘拐は明らかに非常識なアイデアだった。

ジェロムとハセインは、アブ・ハムザについて、「世界のイスラム教徒に欧米への憎悪を植え付ける危険人物」と認識していた。その影響力が極めて大きいことも二人の共通認識だった。そのためフランス政府が何としても、アブ・ハムザの扇動的行動を止めたいと考えたことはハセインも理解できた。

しかし、どんな危険な人物、たとえそれが犯罪者であったとしても、他国の主権を無視して、強引に拉致することには無理があった。しかも、英国の国内諜報機関MI5はアブ・ハムザを監視下に置いている。拉致の事実はすぐに英国政府の知るところとなる。ハセインはあまりに無謀な計画だと思った。

「どうやるんだ。実行は極めて難しい」

「…………」

「アブ・ハムザには民兵とも呼べるような取り巻きがいる。拉致するには、とても大きな作戦が必要だ。一人や二人でできる作戦じゃない」

ジェロムの提案は、明らかに常識から外れている。ただ、フランス諜報機関の文化から見ると、完全に非常識とは言えない面もある。諜報活動はその国の文化や伝統を反映している。フランスと英国では諜報機関の文化が、エスカルゴとフィッシュ・アンド・チップスほども違う。

英国の諜報機関の特徴は情報収集に徹していることだ。目の前で犯行が行われていてもそれを強制的に止めることも、犯人の身柄を拘束することもしない。強制措置をとるのは、あくまで警察である。一方、フランスの諜報機関は危険人物の逮捕はもちろん、時には暗殺や拉致をも実行する。この点ではイスラエルの対外諜報機関モサドに似ている。実際、フランスDGSEは八五年七月、フランスの核実験に抗議するグリーンピース（国際環境NGO）の帆船レインボー・ウォーリア号を爆破、沈没させたといわれている。

フランスの諜報文化で育ったジェロムだからこそ、拉致という方法が浮かんだのだ。しかし、アブ・ハムザの拉致に成功した場合、それを裁判にかける必要が出てくる。司法手続きを無視して、拘束を続けることはさすがに無理だ。裁判で拉致の経緯が明らかになった場合、フランスの国際的信用は失墜し、英国との関係は想像できないほど悪化する。それはW杯開催にも暗い影を落とすはずだ。

ハセインが拉致作戦の難点を示すと、ジェロムもその無謀さに気づいたようだった。ただ、ジェロムはあきらめ切れないようで、拉致が無理なら、暗殺は可能だろうかとも聞いてきた。

ハセインはこの提案を受けたとき、こう思った。

「そんな無謀なことを考えるのは、彼が外交官パスポートを持っているからだ。外交官は法律でその身分が保護されている。俺は英国やフランスの国籍さえ持っていない。アルジェリア人のパスポートしか持たない俺を誰が守ってくれるのか。自分の身は自分で守るしかないんだ」

ワイン・グラスを重ねながら、ハセインは答えた。

「やっぱり無理だと思う」

「そうだな」

ジェロムも冷静になったようだった。

私はハセインから、アブ・ハムザの拉致や暗殺計画の話を聞きながら正直なところ、ハセインがでたらめを言っているのではないかと思った。だが、調べてみると、フランス政府によるアブ・ハムザ誘拐計画は英国メディアが何度か報じ、人権団体なども報告書で触れている。つまり、冷静になってみれば、あり得ないような作戦をまじめに検討するほど、当時のフランス諜報機関は危機感を募らせていた可能性があるのだ。

アルジェリアで相次ぐ虐殺、ロンドンに結集するイスラム過激派、近づくW杯。しかも、英国政府はその危機感を共有しない。隣の家に乱暴な人間が集まって、強盗の準備を進めているのに、何も手出しできない状況を想像すれば、ジェロムの気持ちが推察できる。法を無視して攻撃を仕掛けようとしている異常な連中に、法律内で対応するには限界がある。法を無視してでもテロを止めねばならないと考えたのだろう。そもそもスパイ活動には法律は似合わない。時に法律を犯してでも敵対勢力の情報を入手し、敵の行動を妨害するのがスパイ活動である。スパイによる破壊活動は、それが露見したときのリスクと違法活動で得られる成果を天秤《てんびん》にかけて最終判断されるのだ。

万が一、ジェロムの提案にハセインが同意したとしても、もっと上のレベルで違法な作戦は中止されていたと私は思う。ただ、フランス諜報機関がいかにイスラム過激派問題を深刻に考えていたか、特に一線の諜報指揮官がいかにプレッシャーを感じていたか、そして、英国政府の過激派対策にどれほど不満を感じていたかを知るエピソードとしては、知っておく価値もあると思う。

W杯開催に込められたフランスの思い

W杯フランス大会は一九九八年六月十日、ブラジル対スコットランド戦で幕が開けた。

フランス諜報機関が違法行為を犯してでもテロを防ぎたかった理由は、フランスのこの大会にかける特別な思いにある。それは、フランスとW杯の歴史に深く関係している。

サッカーは英国（イングランド）発祥のスポーツである。しかし、W杯は英国が作ったわけではない。W杯を主催する国際サッカー連盟（FIFA）はフランスを中心に創設された。

FIFAは一九〇四年五月二十一日、パリで創設された。当時の加盟国は、フランスをはじめオランダ、スイス、スウェーデン、スペイン、デンマーク、ベルギーの欧州七ヵ国。初代会長はフランス人のロベール・ゲランである。英国はFIFAの創設メンバーではないのだ。

最も長いサッカーの歴史を誇る英国がなぜ、FIFAの創設メンバーではないのか。英国にはすでに「FA（イングランド・サッカー協会）」と呼ばれる組織があった。創設は一八六三年。FIFA創設の四十一年前である。

FAには、近代サッカーのルールは自分たちで作り上げたとの自負があった。しかも、FIFA創設当時、サッカーのレベルはイングランドを中心とした英国が、他の国々を圧倒していた。FIFAの創設についてもFAは当然、自分たちの意見が反映されると考えた。

しかし、FAと他の国々で意見が対立する。FIFAは当初、一つの国から一つのサッカー協会を加盟させることを原則としたが、英国にはすでにFAをはじめ四つのサッカー協会があった。英国は、「サッカーは自分たちが作ったスポーツである。当然、他の国々は英国の優位性を認めるべき」と考えた。一方、フランスを中心とする大陸欧州側の考えは違った。「サッカーを国際スポーツとするためには、どの国も同じ条件で加盟すべき」と主張した。この対立が解けないままFIFAは英国抜きで創設された。

スポーツが国際化していく過程では、こうした問題は必ず表出する。スポーツには、それを生んだ国の文化や習慣が反映している。スポーツの国際化とは、こうした固有の文化や習慣、考え方を消し去り、純粋にスポーツに昇華させる過程でもある。

たとえば柔道でもそうだろう。柔道は礼儀や自己を克服する精神性を重んじる点など、日本人の精神性と分かちがたく結びついている。競技名に「道」が付いていることでもそれがわかる。一方、すでに国際的人気スポーツとなった「JUDO」は、ポイント制を採用しカラー道着を導入するなど、わかりやすく親しみやすいスポーツになっている。そこに精神性を見ることは難しい。

FIFA創設当時のサッカーのレベルでは、英国のチームが抜きんでていたため結局、その後、FIFAが妥協し英国から四協会の加盟を認めた。これが現在、英国からはイングランドをはじめスコットランド、ウェールズ、北アイルランドの四チームがW杯予選に参加している背景になっている。確認しておくべきは、FIFAは英国ではなくフランスが中心になって作った組織であるという点だ。

W杯は一九三〇年に第一回大会が開かれた。開催国は南米ウルグアイである。フランスは三八年の第三回大会を開いている。フランスにとって九八年大会は六十年ぶり、第二次大戦後では初めて自国で開く大会だった。自分たちが作ったW杯が、たくましく成長して自国に戻ってきたという気持ちがフランス人にはあった。

また、フランスが自国での開催に込めた思いは、こうした歴史に加え、前回大会との関係からも特別に深いものだった。

九四年のW杯は米国で開催された。それまで欧州・中南米が独占し、自分たちの専売特許と考えてきたサッカーW杯を経済力で米国に譲ったという側面があった。欧州は米国について、「サッカーに関しては後進国」という考えを根強く持っている。この米国大会以降、サッカーは欧州・中南米の文化から真にグローバルなスポーツに変容し、二〇〇二年の日本・韓国大会や一〇年の南アフリカ大会など、W杯はアジアやアフリカでも開かれることになる。

こうしたW杯のグローバル化の背景には、八〇年代の終わりから世界が衛星放送時代に入り、サッカーの世界でも、グローバル企業を多数抱える米国の重要性が高まったことがある。また、八四年のロサンゼルス五輪がビジネスとしても成功したことからFIFAは米国を「サッカーの新興市場」と位置づけた。米国のレーガン大統領、キッシンジャー元国務長官らがW杯誘致に向け奔走したこともあり米国開催が決まった。フランス大会は、新興の米国に譲った大会を、改めて欧州文化として確認する意味合いがあった。

フランスの開催が決まったのは九二年のFIFA理事会である。これを契機にフランスでは六年後の大会に向けサッカー熱がますます高まった。ところが九三年、フランスにとっては予想していなかったことが起きる。九四年米国大会への出場国を決める欧州地区予選でフランスが敗退してしまうのだ。

フランス・チームは当時、過渡期にあった。

八〇年代のフランスを支えたのは、確かな戦術ビジョンを持ったミシェル・プラティニだった。八六年のメキシコ大会でフランスは準決勝で敗れたが、「シャンパン・フットボール」と呼ばれる美しいサッカーを展開し、観る者を魅了した。

プラティニが引退したフランス代表は、英国プレミア・リーグのマンチェスター・ユナイテッドでも活躍したエリック・カントナのほか、ジャン・ピエール・パパン、ディディエ・デシャン、ローラン・ブランを中心に実に華やかな選手が顔をそろえ、欧州屈指の実力を誇っていた。そのためW杯予選は楽々と勝ち進み、翌九四年の本大会でも上位進出を狙えると見られていた。

欧州地区予選でフランスはスウェーデン、ブルガリア、オーストリア、フィンランド、イスラエルと同じグループ6。実力的にはフランスがグループ最高と考えられていた。

フランスは残り二試合を残したところで勝ち点13のグループ・トップ。残り二試合のうち「フランスが一つ勝つ」か「ブルガリアが二連勝しない」場合、フランスの本大会出場が決まることになっていた。しかも残り二試合（対イスラエル、対ブルガリア）はともにフランスのホーム試合で、イスラエルはグループ最下位。フランスはアウェーでイスラエルに4対0で勝っており、フランスにとって不安材料はゼロだった。フランス国民もこの時点で、「まさか」が起きるとは予想していなかった。

九三年十月十三日の対イスラエル戦。観客は約三万人。前半に先制されたもののフランスは後半、2点を入れて逆転。このまま勝利を手にすると思われた後半三十八分、追いつかれたうえロスタイムに追加点を許し、2対3でまさかの逆転負けを喫する。

その後、スウェーデンが本大会出場を決めたため、残る一枠をフランスとブルガリアが直接対決で決することになった。この時点でフランスは勝ち点13、ブルガリアが12。フランスは同点でも本大会出場となる有利な立場だった。

十一月十七日、パリのパルク・デ・プランス競技場に詰めかけた観客は約四万八千人。前半三十二分にフランスのカントナが蹴《け》り込んで先制したものの、その五分後にブルガリアが追いついて同点で前半を終えた。

後半に入って両チームが必死に攻めるが、ディフェンス陣がしのぐ。誰もがこのまま同点で試合が終わり、フランスが本大会出場を決めると思った。フランスの選手はボールを回し、時間稼ぎに出た。その守りの姿勢が闘争心の火を消し、心に隙を生んだのかもしれない。試合終了間際にブルガリアがボールを奪い、カウンターでそのままゴールし逆転した。スタジアムの時計は八十九分五十九秒を差していた。

日本では九三年のW杯予選といえば「ドーハの悲劇」である。十月二十八日、炎熱のカタール・ドーハで開かれたアジア最終予選日本対イラク戦で、日本は終了間際にイラクに同点に追いつかれW杯初出場を逃す。日本人にとって一旦つかみかけたW杯初出場を最後の最後で取りこぼしたショックは大きかった。

ただ、フランスの屈辱も察してあまりある。W杯の常連であるにもかかわらず結局、グループ三位で予選敗退。次大会の開催地であるフランスは米国大会に出場できなくなった。フランスはこうした経験を経て九八年のW杯を開くのだ。フランス大会は国民、政府の特別な思いが込められた大会だったのだ。

幼なじみをリクルート

ジェロムとハセインは、緊張しながら六月十日のW杯開幕を迎えた。

ハセインは期間中、ロンドンのフィンズベリー・パーク・モスク内の動きに普段以上に神経を集中させていた。フランスが狙われるとすれば、そのテロには、きっとロンドンの連中が絡んでいるはずだとハセインは確信していた。

ハセインはこのとき、アルジェリア人の友人をスパイ活動の協力者としてリクルートしている。一人でアブ・ハムザとアブ・カタダの二人を徹底的に監視することが難しくなったためだ。ハセインはジェロムに、知り合いをリクルートしたいと伝えた。ジェロムもハセインの提案を受け入れ、協力者には一回につき百ポンドの支払いが約束された。ハセインがリクルートしたのは、幼なじみのケタッブ・ボアレムだった。

私はアルジェを訪れた際、ボアレムにインタビューした。ハセインが当時、スパイ活動を打ち明けた数少ない人物である。

ボアレムはトレーニング服姿で約束の時間に、アルジェの海岸近くの喫茶店に現れた。目が合うと、大きな笑顔を作ってくれた。明るい性格なのだ。

ハセインとは三つ違いの一九六四年生まれ。子供のころから同じサッカー・チームでボールを追っていた。

「私がロンドンに行ってすぐだった。レダ（ハセイン）から、『スパイとしてイスラム主義者を監視している』と打ち明けられた。怖い話を聞いてしまったと思った」

ハセインはボアレムに詳しい話をしていない。イスラム過激派の監視のため、彼らが配布する冊子を受け取ってくれと指示しただけだ。どこの機関のスパイをしているのかも説明していない。そのためボアレム自身は、英国諜報機関のスパイとして活動していると思っていた。アルジェリアとフランスの複雑な歴史を考え、フランスのためにスパイをしていることを、ハセインは伝えなかった。

ボアレムがロンドンにやってきたのはW杯フランス大会が佳境に入った九八年七月である。

「アルジェリアでは九七年からテロがますますひどくなった。このままアルジェに残っていては、そのうち自分も犠牲になると思った。ロンドンにはアルジェリアの友人も多く、何とか生きていけるだろうと思った」

スパイは危険な活動だ。特にテロを扇動している過激なイスラム主義者の監視には、危険がつきまとう。スパイ行為がばれたときのことを考えると尻込みする気持ちがあったはずだ。

「何で俺をリクルートするんだよ、という気持ちはあった。ただ、打ち明けられたからには断れないと思った。アルジェから逃れてすぐだったので、テロリストに対する憎しみが強かった。レダから『テロを止めるために協力してくれ』と言われ、『よしやってやろう』と思った」

ボアレムの任務は、金曜礼拝にアブ・ハムザのモスクに行って、彼の説教を聞くこと。そして、配られる冊子を手に入れ、礼拝が終わったらハセインにモスク内の様子を伝えること。特別、難しい任務ではない。イスラム教徒としてモスクに身を潜ませ、余計なことを話さなければできる任務だった。

「モスクに入って驚いた。アブ・ハムザとその取り巻きが、バカな発言を続けていた。『欧米人なら殺してもいい』と真顔で叫んでいた。何をバカなことを、と思った。特に腹が立ったのは、アブ・ハムザが『アルジェリアでやっていることはジハードだ』と主張したことだ。やつらが殺していたのは、何の罪もない普通のアルジェリア人だった。なぜ、堂々と犯罪を称賛できるのか、そして、演説を聞いている人間が、なぜ疑問に思わないのか理解に苦しんだ」

結局、ボアレムはばかばかしいと思いながら金曜ごとに、モスクの説教を聞き続けた。ボアレムの任務が終了するのは、ハセインとフランス諜報機関との契約が終わったときだった。

日々過激化するモスク

W杯の期間（約一ヵ月）中、テロ攻撃はなかった。フランスはテロを完全に封じ込めた。大会では、フランスが決勝戦でブラジルを破って初優勝し、開催国としての面目を保った。競技でも、そしてテロ対策でもフランスは勝利したことになる。

この大会はフランスのジネディーヌ・ジダンの大会だった。ジダンはハセインと同じアルジェリアのカビール系（ベルベル人）移民である。大会で大活躍したのがアルジェリアからの移民であり、テロ攻撃を宣言していたのもアルジェリアのGIAだった。さらに、そのイスラム過激派を監視していたのもアルジェリア人だった。フランス大会はアルジェリアとの因縁深い大会になった。

W杯が終了したときジェロムから一つの提案があった。

「ムジャヒディンを支援する新聞を発行し、その新聞にアブ・ハムザたちの声明を掲載できないか」

イスラム過激派側にこの新聞を利用させることで、より多くの内部情報が入手できるとジェロムは考えた。

当時、GIAは声明を発表するたびにロンドン発行のアラビア語有力紙アルハヤトに、それを送り付けていた。それをヒントに、ジェロムは新聞発行を思い立った。資金はフランス政府が提供するという。

「何もアルハヤトにだけ声明を送らせることはない。自分たちで新聞を作ってみたらどうだろう」

ジェロムの提案を受け、ハセインは可能性を探ることになった。ハセインが方々に相談するとタイミング良く、最近新聞発行を停止した者が見つかった。その新聞の再発行という形にしてパソコンなども譲り受けた。

ハセインが発行する新聞は「フランス語新聞（JDF）」と名付けられた。九八年九月、試作紙として〇号が発行された。部数は一万部。ハセインは自分で、フィンズベリー地区のキヨスクなどに配って回った。

〇号試作紙を読むと、「米国へのジハード」の見出しの下に、ケニア・タンザニア米国大使館爆破テロの現場写真があり、その右隣にウサマ・ビンラディンの顔写真が掲載されている。このテロは前月（八月）に発生し、ビンラディンの名前を世界に知らしめた。

ハセインが初めて、ビンラディンの名前を聞いたのはこの約二年前だった。アルジェリア大使館諜報指揮官、アリ・デルドゥーリが雑談の中で当時、最も警戒を要する人物として、「ウサマ・ビンラディン」の名前を挙げたことがあった。英国政府は九六年一月、安全保障上の理由からビンラディンの入国を禁止する措置をとっている。諜報の世界では、ビンラディンの危険性はすでに、認識されていたのだ。

試作紙が発行されるとアブ・ハムザの取り巻きはすぐに反応した。ハセインが発行元だと知ると、「いい新聞を作ってくれた」と褒め称えた。ハセインはアブ・ハムザの仲間たちの信頼を勝ち得たと思った。

アブ・ハムザやその取り巻きは以前から、ハセインのことを信仰深いイスラム教徒と認識していた。アルジェリア出身のジャーナリストで、イスラム主義者としてアルジェリア軍に追われ亡命してきたと考えていたようだ。そして、今回の新聞発行で、過激なジハード主義者はハセインを、自分たちの活動を積極的に支援する仲間と考えるようになった。少なくともハセインはそう感じた。

しかし、この新聞は結果的に一号が出なかった。試作紙を出した直後、ジェロムから「待った」

がかかった。フランスDGSEがこうした新聞発行に関与していることが万が一、露呈した場合、中東諸国政府、特にアルジェリア政府の怒りは極めて大きいはずだった。そのためパリのDGSE本部が新聞発行を躊躇しているとジェロムは打ち明けた。

試作紙の後が続かなかったことでモスクのイスラム主義者たちは、ハセインの顔を見る度、あの新聞はどうなったのかと聞いてきた。ハセインは、

「自分のポケット・マネーでやろうとしたが、資金が続きそうもない。記事や編集作業は俺が責任を持ってやるので、誰か資金面で協力してくれないだろうか」

と持ちかけたが、誰も協力を申し出る者はなかった。

W杯フランス大会が無事終了したことで、フランス政府にとってイスラム過激派を監視することの重要性は低下していた。中東諸国との関係を決定的に悪化させる可能性のある危ない橋を渡ってまで、過激派の情報を入手する必要はないと、フランスは判断したのかもしれない。これまで通りのやり方で過激派の動きを追えばいいのであって、深追いして痛手を負う危険は避けるべきと考えたようだ。

DGSEはエンジンを吹かし過ぎた車の速度を、ブレーキを踏みながらやや調整しているようにハセインには思えた。スパイを請け負う側のハセインは、仕事の発注元が必要なしと考えていることまでもやる義務はなかった。ただ、ハセインはこう感じていた。

「モスク内のイスラム過激派の動きは、諜報機関の考えとは逆に危険度を増している。今こそ、欧米の市民が過激な連中のターゲットになりつつある」

アブ・ハムザがフィンズベリー・パーク・モスクのイマームになって一年ほどたった九八年春ごろから、モスク内の雰囲気が日に日に変わっていくのをハセインは肌身で感じていた。そして、W杯フランス大会が終了した直後の九八年八月に発生した、ケニアとタンザニアでの米国大使館爆破テロで、モスクに集う過激な若者たちは精神を高揚させた。

ハセインによると、この事件を機に若者の多くが、アフガニスタンの軍事訓練キャンプに行くようになった。米国やイスラエルの世界支配を打ち破る大いなるジハードが始まったと彼らは考えたようだ。

アブ・ハムザたちのターゲットもアルジェリアから、その他の地域へ拡散することになった。それまではモスクの説教で、アルジェリア軍への攻撃を呼びかけることが主だったが、ケニア、タンザニアのテロを境に、欧米人やユダヤ人への敵意を喚起することが中心になった。

アルジェリアでは軍部がテロの抑え込みに成功しつつあった。そこからはじき出された過激なイスラム教徒たちが世界に拡散していった。世界の現実に目を向けると、こうした危険思想を持った者たちの隠れ場所となる国や地域は、少なくなかった。ソマリアのように中央政府が機能しない破綻《はたん》国家や、政府が急進的なイスラム原理主義思想に親近感を持つアフガニスタンやスーダン、地方に行けば中央政府のコントロールを外れるイエメンやパキスタンなど、隠れる場所には事欠かなかった。こうやってアルジェリアで戦っていたGIAはグローバル化してウサマ・ビンラディンの国際テロ組織アルカイダと共闘することになっていく。

「戦って天国に行け」

フィンズベリー・パーク・モスクに集う若者たちは毎日、GIA作成のビデオを見ていた。そこには激しい戦闘の様子やイスラム戦闘員の遺体が写っていた。そうした映像を前にアブ・ハムザはこう説明していた。

「こうやって殉教者になって天国に行くんだ。君たちも欧米の不信心者と戦えば天国が約束される」

「君たちの今ある生命は本当の命ではない。ジハードで死んだあとに、君たちの本当の命が息を吹き返し、そこから人生が始まるのだ」

アブ・ハムザが語り終わると、誰からともなく決まって、「アッラー・アクバル（神は偉大なり）、アッラー・アクバル」との叫び声が上がり、モスク内にこだました。フィンズベリー・パーク・モスクは中央がドーム型の屋根になっており、内側の音が美しく反響する。「アッラー・アクバル」と叫ぶ若者は、コンサートでロック歌手に陶酔《とうすい》するファンと同じ表情だった。すでに結婚し、子供もあるハセインは、アブ・ハムザの言葉に惑わされるほど若くなかった。説教を単純に犯罪の教唆だと、冷めた気持ちで聞いていた。

「何をバカなことを言っているんだ。何でお前に、死後の世界がわかるんだ」

しかし、仕事にありつけず、夢を持てない若者にとって、アブ・ハムザの言葉は、大海をさまようなかで遭遇した灯台の光のようだった。モスクは、自分の有り余るエネルギーに火を付けてくれる刺激的な場所だった。

イスラム信仰心に篤《あつ》い者は酒や麻薬をやらない。恋人を作ることや若者同士で夜のパーティーに出かけることもない。ひたすら聖典コーランを読んで、その教えるところを実践しようと心掛ける。考えようによっては、悲しいほど純粋な者たちである。彼らにとって、酒に酔って、パーティーに明け暮れる西洋文明は、腐りきった汚れた社会である。

ビデオを見て洗脳された若者たちの心を、アブ・ハムザのメッセージがストレートに射貫いた。「戦って天国に行け」。若者たちは、次第に自分も欧米人を相手に実戦に参加して、殉教者になることを夢見るのだ。

アブ・ハムザの周りには常に、アフガニスタンやアルジェリアで実戦を経験した者たちが集まっていた。若者はこうした「先輩」たちに、「自分も実戦に参加させてくれ」と要求した。アブ・ハムザ側は偽造したパスポートを与えてアフガニスタンに送り込む。そこにはアルカイダの軍事訓練キャンプがあった。そこで訓練を受けたイスラム教徒が、戦闘員やテロリストになって世界に散っていった。

アフガニスタンやイエメン、アルジェリアなどで戦闘やテロを実行して一旦、ロンドンに戻った者たちは、自分たちの経験を他の者に話して聞かせた。こうしてテロリストや戦闘員が再生産されていった。彼らにとって天国は、すぐそこにあるのだ。

アブ・ハムザが若者の心をわしづかみにした理由は何なのだろう。説教の様子を撮影したビデオ映像を見ても、それにひかれる理由が私にはわからなかった。ハセインはこう考えている。

「メッセージが明確だった。イスラムの難しい教義なんて若者には響かない。生き方について迷っている若いイスラム教徒にとって、『お前の進むべき道はこっちだ』とはっきりと指示してくれる人間が必要だった。言い切ってくれることで迷いが吹き飛ぶんだ」

アブ・ハムザは相手が不信心者なら、盗みや殺人であっても正当化されると明確に主張していた。米国人やイスラエル人は殺害すべき対象だときっぱりと言い切っていた。

信仰における考えは、しばしば合理性を超えて存在する。イスラム教徒はブタ肉を食べない。これは神の教えであって、そこに合理的な理由を期待することに意味はない。善悪を超えて守るべきルールなのだ。アブ・ハムザはそこに訴えた。

米国市民を殺害することは善か悪か。

「イスラムの聖地メッカとメディナを持つサウジアラビアに軍を駐留させている」「パレスチナで市民を殺害するイスラエルを支援している」と彼らなりの合理的な答えを用意する。しかし、そんな説明にはさして意味はない。「神からの命令である」と言い切った段階で、そのメッセージは疑問の余地のない、善悪を超えたステージに昇華する。

アブ・ハムザは英語とアラビア語を自在に話すことができた。しかも、演説がとびきりうまい。気さくなジョークをはさんだかと思うと、たたみかけるように語りかける。聞いているうちに、彼の語る言葉こそが真実と思えてくる。失った両腕に鉤を付けた特徴ある容姿が、カリスマ性を醸し出す。その金属製の鉤をもジョークのネタにする。とにかく楽しい演説であり、メッセージは単純で明快だった。

「殺せ、不信心者を殺せ。アルジェリア兵を殺せ、米国人を殺せ。殺せば、お前たちは天国に行ける」

若者は真剣なまなざしで演説を聞いていた。どれだけ聞いても、ハセインの心にはアブ・ハムザに共感する感情は起きなかった。

「完全にいかれた人間だと思っていた。精神を病んでいるとしか思えなかった。なぜ、若者がアブ・ハムザの演説にひかれるのか理解できなかった」

アブ・ハムザの人気は高かった。彼が説教師となって以来、金曜礼拝に集まる信者は毎週、その数を増やしていた。二百人が二百五十人、三百人になり、一年もするとモスクに入りきれないほどになった。

「イスラム主義者は解放者」

米同時多発テロ後、欧州各国は自国内の過激なイスラム教徒を厳しく取り締まった。しかし、欧州が過激思想の排除に成功しているとは到底、言えない。二〇〇三年からのイラク戦争、一一年に始まったシリア内戦でも、欧州から多くの若者がイラクやシリアに向かい、過激な武装集団に加わっている。

物質的に豊かで自由が保障された欧州で、なぜ一部の若いイスラム教徒が過激思想に染まるのか。私はその理由を探ろうと、立場の違う英国人三人に考えを聞くことにした。

最初は、パキスタンで〇二年に拘束され、米軍の敵性戦闘員としてキューバのグアンタナモ収容所に送られた経験のあるモアザム・ベッグである。

ベッグは一九六八年、英国バーミンガムに生まれ、この街で育った。両親はインドからパキスタンを経て英国に移住したイスラム教徒である。ベッグはウルドゥー語を理解するが、母語は英語である。私はバーミンガムの自宅でベッグと会った。

「二十二歳ごろだったかな。自分は何者なんだろうと考え始めた。英国人なのか、パキスタン人なのか。インド人？　アジア人？　そうやって考えていくと、どんどん自分にとってイスラムが大切になってきた。イスラム教徒であることでは一貫していたから。国籍よりもイスラム教徒であることが重要になってきたんだ」

ベッグの両親はイスラム教徒だが、信仰にあついわけではなかった。銀行家だった父は金曜日でさえ、モスクに行くことはなく、家でも礼拝をしていなかった。

その父は教育には熱心だった。ベッグが通ったのは、小学校が私立のユダヤ教系学校、中学がこれも私立のキリスト教系学校だった。他の信仰を間近に見ることでベッグは余計、自身の宗教について考えるようになった。

高校に行くころになるとベッグはぐれ始め、街の不良少年たちで作るギャング集団に入った。このギャングは東欧やアラブからの移民二世を中心に結成され、移民排斥を主張する極右のネオナチ集団としばしばけんかをした。

ことも あった。こうした経験から、ベッグは「自分は何者なのだろう」とアイデンティティについて考えるようになり、モスクに通うことでジハード思想を身につけていく。

「ヘイ、パキ（パキスタン人）。自分の国へ帰れ」と白人のネオナチ英国人から差別され、殴られたこともあった。こうした経験から、ベッグは「自分は何者なのだろう」とアイデンティティについて考えるようになり、モスクに通うことでジハード思想を身につけていく。

結婚後の九五年、ボスニア紛争でイスラム教徒の難民支援活動に携わり、九八年からパキスタンやアフガニスタンで貧しい人を支援し、学校を建設するボランティア活動を始めた。家族で生活の拠点をアフガニスタン・カブールに移したとき米同時多発テロが発生し、米軍によるアフガニスタン空爆が始まる。

「近所の知り合いから米同時多発テロを知らされ、すぐにラジオを聞いた。当時、カブールでは衛星テレビを見ていなかった。『アルカイダ』という名前を聞いたのは、このときが初めてだった」

ベッグは空爆を逃れてパキスタンに移り、イスラマバードで暮らしていた。そこで米軍から敵性戦闘員の疑いを掛けられ〇二年、逮捕され、ひどい拷問を受けた。翌〇三年、グアンタナモに送られ約二年間、収容された。結局、敵性戦闘員の疑いが晴れたため釈放された。

米同時多発テロやロンドン地下鉄・バス連続爆破テロのように市民を狙った攻撃をベッグは批判する。一方、イスラム社会に欧米軍が侵攻した際には、ジハードが必要だとも考えている。今なお、英国内ではベッグを過激なイスラム主義者と考える人も少なくない。

若者がイスラム過激主義に引きつけられる理由についてベッグは、中東の独裁者と欧米諸国がイスラム教徒を抑圧してきた歴史が背景にあると説明した。

「イラクでもアルジェリアでも、そして、シリアでも、軍事独裁国家が市民を抑圧し続けている。

そして、その体制を支援してきたのが米国だった。一部の若いイスラム教徒は、中東の独裁者や米国を相手に戦うイスラム主義者のことを解放者と考える」

二〇一四年になり、イラクやシリアで過激なイスラム武装組織「イスラム国」が勢力を急拡大した。欧米的な民主主義や人権思想の視点からすれば、イスラム国のやっていることは非人道的な野蛮行為だが、イスラム主義の観点からすれば、抑圧からの解放者とも映るらしい。そして、そうした考えが、欧州の若いイスラム教徒に浸透し、戦闘に参加するためイラクやシリアに渡る者が後を絶たない状況を作っている。

ベッグはアブ・ハムザ、アブ・カタダの二人の説教を聞いたことがある。若者を熱狂させたのはアブ・ハムザの方だった。

「イスラム思想として深いのはアブ・カタダの方だが、アブ・ハムザのメッセージは単純でわかりやすい。ジョークを入れながら、面白いスピーチをする。若者が好むのはアブ・ハムザだった」

「戦争の本当の姿を理解していない」

次に紹介するのは、かつて過激なイスラム思想に染まりながら現在、それを批判しているウサマ・ハッサンである。

ハッサンは一九七一年、ケニア・ナイロビで生まれ、四歳のときロンドンに渡った。親はインド・パキスタン系である。十代で過激思想に染まり、英国の若いイスラム教徒をリクルートしては、戦闘員としてアフガニスタンに送り込む活動に携わった。ケンブリッジ大学の学生だった九〇年には自らアフガニスタンに乗り込み、若者を戦闘地域に送り込むためのルート作りまでしている。そして、ロンドンに戻り、いかにアフガニスタンでの戦闘が素晴らしいかを若者に語って聞かせた。

過激思想を身につけた理由について、ハッサンは早口でこう説明した。

「自分の場合は、共産主義の影響が大きかった。非宗教的で不信心者の思想である共産主義とは、戦わねばならないと考えていた。仲間はみな共産主義と戦うことを聖戦と考え、そのために死にたいと願っていた」

その後、ハッサンはジハード主義に疑問を持つ。共産主義と戦って死ぬことを是《ぜ》としていたことを今、ハッサンは「世間知らずだった」と考えている。

「共産主義と戦う意図そのものは今でも正しかったと思っている。若いころは何か正しいことを実現したいと思うものだ。ただ、当時の私は世界で何が起きているか理解していなかった。ちょうど今の若者がシリアやイラクでの戦争を理解していないのと同じだ」

ハッサンは、「戦争の本当の姿を理解していなかった」と語った。本当の戦争の姿とは何を指すのだろう。より具体的な説明を求めた。

「ソ連軍がアフガニスタンに侵攻したとき、ジハードという言葉を使って若者が集められた。しかし、アフガニスタンでの戦闘は共産主義との戦いだったのか。その後の状況を見ると、我々は内戦に手を貸し、イスラム教徒同士が殺し合う状況を作ってしまった。私はジハードという言葉にだまされたのだ。私は今では、ジハードという言葉を使わない」

ハッサンは「ジハード」という勇ましい言葉に惑わされていたと感じている。若者は自分の力で社会をよくしたいと願う。純粋で正義感の強い若者ほど、そうした考えを持ちやすい。その気持ち自体は崇高なものだが、それがストレートに表出されるとき、物事の本質を見失うことがある。アフガニスタン戦争について言えば、「共産主義に対する聖戦」という単純な図式だけを見て、戦いに突っ走ったことで、複雑な全体像が見えなくなった。欧米各国が「ジハード」という言葉で若者を鼓舞してソ連軍と戦わせようとしたことや、アフガニスタン各派の権力争いという側面が消えてしまったのだ。

ハッサンは十五歳でジハード主義にかぶれ、その思想から抜けたのは三十四歳のときだった。完全に「洗脳」が解けるには約二十年の時間が必要だった。ジハード主義に疑問を持ったきっかけは二〇〇一年の米同時多発テロだった。

「それまではアフガニスタン、カシミール、ボスニアなどジハード主義者にとっては疑問の余地のない戦闘が続いた。しかし、米同時多発テロはそれまでとはまったく違う側面を提示した。つまり無差別に一般市民を殺害するという面だった。それ以降、バリ島、マドリード、ロンドンで市民を狙った爆破があった。私はそれをジハードと考えることはできなかった。過激なイスラム教徒は、非イスラム教徒への攻撃はジハードであり許されると主張した。しかし、それが間違っていることはコーランを読めば、はっきりとわかる。イスラム教徒は長年、非イスラム教徒と平和に暮らしてきたのだから」

米同時多発テロが起きたときハッサンは三十歳だった。それをきっかけにジハード主義に疑問を感じ、それを完全に捨て去ったのは〇五年七月七日のロンドン地下鉄・バス連続爆破テロのときだった。それ以降、ハッサンは穏健なイスラム思想を普及するための活動に参加している。

では、若いイスラム教徒が過激思想を身につけないようにするには、何が必要なのだろうか。

「まず、聖典コーランを普通に理解した場合、ジハード主義などは生まれないということを説く必要がある。そして、穏健なイスラム教徒同士が結びつきを強めるべきだと思う。過激なカルト集団やマフィアのようなグループは、互いの結びつきを強め、兄弟のような関係を作る。これと同じやり方をまともなイスラム教徒がやるべきなのだ」

ハッサンの答えはあまりにも当然過ぎて、やや拍子抜けするところが私にはあった。穏健なイスラム教徒同士が結びつきを強めて穏健思想を広める。それができないため、欧米でイスラム過激思想が社会問題になっているのだ。この点を聞くと、ハッサンはこう答えた。

「外国政府による非倫理的な外交政策が、穏健思想を広めることを妨げている。たとえば、（キューバの米軍基地に設けられた敵性戦闘員収容所）グアンタナモやイラク戦争、パレスチナ問題、カシミールやボスニアでの紛争など、イスラム教徒への抑圧を数え上げればきりがない」

米同時多発テロ以降、テロを実行したり、支援したと疑われたイスラム教徒が秘密裏に身柄を拘束されてグアンタナモ収容所に送られた。司法手続きを経ないまま、身柄の拘束が続き、拷問を受けた。そして結局、テロへの関与が証明された収容者はほとんどいなかった。先に紹介したベッグもその一人だ。

パレスチナ問題では、イスラエルが国際法に違反してヨルダン川西岸地区などで、勝手に住宅を建設してユダヤ人を移住（入植）させている。こうしたイスラエルの強硬なやり方に、国際社会は効果的な手を打てないままだ。多くの人が、こうしたことを不法で非倫理的な行為と考えている。それはイスラム教徒に限らず、欧米の多くの一般市民の認識でもある。ただ、いつの場合も被害者はイスラム教徒である。そのため、イスラム教徒の多くが国際社会を、「欧米対イスラム」の構図で理解するようになる。過激集団はそこにつけ込むのだ。

アルジェリアの混乱にも、そうした側面が色濃くある。イスラム主義政党は民主的な選挙で政権をにぎろうとした。そのとき、軍が介入して選挙結果という市民の意思を無視した。軍は欧米の支援を受け、既得権益を守ろうとしていると市民は考えた。そのため、軍への批判、不満が欧米政府に向かった。そして、若者の不満の一部が過激化し世界に拡散することになった。

ハッサンの説明を聞いていると、過激思想の封じ込めがいかに難しいかがよくわかる。あまりに物事が複雑に絡み合っているため、過激思想の源流を探ることは、現在の国際社会のあり方そのものを問うことにつながる。国際社会は今、若者が過激なイスラム思想にかぶれるのを止める措置を見いだしていないように、私には思えた。

組織の対応の鈍さ

私が最後に訪ねたのは、ロンドン・キングスカレッジ過激主義国際研究センター所長のピーター・ニューマンだった。ニューマンにはアカデミズムの観点から英国の過激思想の歴史や現状、若者がそれに染まる背景を解説してもらった。

英国ではいつごろからイスラム過激思想が社会問題になったのだろうか。

「一九九〇年代に過激な説教師が登場した。アブ・カタダ、アブ・ハムザらだった。そのとき、英国政府は彼らの脅威にほとんど関心を払っていなかった。治安機関は、彼らをまともに取り扱わず、道化師か気のおかしくなった人だと考えた。好きなようにやらせておけば、彼らの側から英国を攻撃することはない、むしろ、逮捕したりすると、自分たちを憎み始めると政府は判断した。それが、監視はするが逮捕はしない、という政策になった。その政策を続けている間に、過激思想を持つ人間が増殖してしまった」

英国の若者たちが、そうした過激な説教師に引きつけられた背景は何なのか。そこには英国独自の歴史や文化、社会的背景があったのだろうか。

「第二次世界大戦後の五〇年代や六〇年代、英国は労働力不足を補うため、南アジアやカリブ海の旧植民地から移民を受け入れた。その移民二世、三世が九〇年代、自分は一体何者なのだろうと悩むことになった。たとえば、英国に生まれ、英国の学校に通っているのに、自分は英国社会から英国人と扱われない。自分の所属に悩んでいるとき、アブ・ハムザのような説教師に出会い、『パキスタン人であるか、英国人であるか悩む必要はない。もっと崇高な理想のため、革命のために生きよう』と呼びかけられ、それに吸い寄せられてしまった」

英国のイスラム教徒人口は、二〇一〇年時点で約二百四十七万人。全人口の約四%である。一九六〇年には約十万人で人口の〇・二％に過ぎなかったイスラム教徒は、この五十年で約二十五倍になった。英国の全人口が同じ時期、約一・二倍しか増えていないことを考えると、イスラム教徒が英国社会でいかに存在感を増してきたかがわかる。特にロンドンやバーミンガムなどの都市では、どこに行ってもイスラム教徒の姿を見かけないことはない。そうしたイスラム教徒の中から、英国に暮らしながら自分は何者であるのか、そのアイデンティティに悩む者が生まれた。そのような者の心にアブ・ハムザのわかりやすい説教が直接、響いた。

では、若者に過激思想を植え付ける説教師をなぜ、英国政府は取り締まらなかったのだろうか。ニューマンはアブ・ハムザを例にこう説明した。

「英国の治安・諜報機関は、アブ・ハムザを良い人物だとは考えていなかった。ただ、彼を利用できると考えていたのではないか。たとえば、英国市民が過激なイスラム集団に誘拐された場合に、アブ・ハムザを利用して過激集団に影響力を行使できると。少なくとも〇三年ごろまで英国はアブ・ハムザを逮捕するよりも、コントロールする方が得策と考えていた。しかし、問題は、彼の支持者が多くなりすぎたことだ。いつのころからかモスク（フィンズベリー・パーク・モスク）に千人以上の支持者が集まるようになった。そのとき、英国治安・諜報機関は状況をコントロールできなくなった。つまり、アブ・ハムザをコントロールすることはできても、その支持者までコントロールすることはできないことに、英国政府は気がつかなかったのだ」

ハセインは英国治安・諜報機関とアブ・ハムザの間に、密約があったと考えていた。アブ・ハムザを自由に活動させる代わりに、アブ・ハムザは英国内でのテロを支援しないという約束である。

こうした密約が存在した可能性について問うとニューマンはこう説明した。

「正式な合意があったとは思わない。ただ、アブ・ハムザの方は明らかに、一種の紳士協定を結んでいると考えていた。両者間に緩い合意があったと思う」

英国治安・諜報機関に組織的な問題はなかったのだろうか。

ニューマンは、英国の治安・諜報機関が九〇年代を通じて、アイルランド共和軍（IRA）を第一の脅威と考えていたため、イスラム過激派に対しては、組織として十分な対応ができなかったと説明した。英国政府が完全に考え方を変えるのは〇五年七月にロンドンで地下鉄・バス連続爆破テロが起きたことがきっかけになった。

「MI5のスタッフは〇四年には約二千五百人だった。それが現在は約五千人に倍増している。ロンドンでのテロで初めて、MI5を根本的に変革する環境ができた。新しく増やしたスタッフのほとんどはイスラム過激派対策要員だ。ロンドンで大規模テロがあって、初めて政治的にも財政的にも、MI5の変革が可能になった。それ以前に、MI5を変えようとしても、その財源などについて厳しい批判が起きただろう」

大きな痛みを経験しない限り、組織は変わらない。米同時多発テロ（〇一年）が起きてもまだ、英国は自分たちの組織を変革することができなかった。それまでの態勢のままで新しい流れに対応できると考えていた。いつの場合も官僚組織の改革よりも社会の変化の方が速くて激しい。痛みを伴って初めて、巨大組織を変える環境ができる。

ただ、過激なイスラム主義という国境を越えて拡散する思想や運動の場合、一国家の失敗が招く結果は、その国内にとどまらない。英国の治安・諜報機関がロンドンのフィンズベリー・パーク・モスクの危険度を読み誤ったことが、各地で悲惨なテロを起こした。

ＩＲＡのような民族自決の運動は、国際的な広がりになりにくい。ＩＲＡの攻撃対象はあくまで英国政府に向かうはずだ。たとえば、ＩＲＡがフランス政府やエジプト政府を狙うことはあり得ない。しかし、イスラム過激主義の狙いは国家の枠組みを超えている。欧米の文化や文明、それを基礎とする民主主義や自由、平等といった価値までもが攻撃の対象となり得るのだ。各国は自国が攻撃されるまで、それに気づかなかった。気づいた者がいたとしても、それを政策のレベルまで上げることはなかった。

フランスは九〇年代にＧＩＡのテロ攻撃を受け、米国は〇一年に同時多発テロ攻撃に遭い、英国は〇五年、ロンドンの地下鉄とバスが爆破されるまで根本的な対応ができなかった。フリーランスのスパイであるハセインをいらだたせたのは、そうした組織の対応の鈍さだった。

かつて多くのイスラム過激派を生んだ
北ロンドン中央モスク（旧フィンズベリー・パーク・モスク）の
前に立つレダ・ハセイン。

フランスとの契約解除

サッカーW杯フランス大会が無事に終了し、フランス政府のイスラム主義者に対する興味は低下した。W杯閉幕から三ヵ月半が経った一九九八年十一月初め、フランス大使館のジェロムからレダ・ハセインに連絡が入った。

ハセインは昼過ぎに大使館近くのフランス料理店に入った。ジェロムがワインを注文した。気のせいかジェロムの口は重かった。

「これまで本当によくやってくれた。君と仕事ができて良かった。ただ、この関係は終わりにしたい。最終決定だ」

契約解除の通告だった。ハセインにショックはなかった。イスラム主義者支援を装う新聞の発行が突然打ち切られ、フランス対外治安総局（DGSE）との仕事も、そろそろ潮時かなと感じ始めていたときだった。

「契約終了の理由があるなら聞かせてもらいたい」

ハセインが問うと、ジェロムはここだけの話だと前置きしたうえで、アルジェリア課報機関内の人事異動が関係していると打ち明けた。

その年の秋、ロンドンのアルジェリア大使館に諜報指揮官としてベレイド・ベンアリが着任した。ワシントンのアルジェリア大使館からの異動だった。ベンアリはアルジェリア軍でイスラム過激派を担当していた諜報のエキスパートだった。そのベンアリがロンドンに異動になったことは、アルジェリア政府がこの時期、イスラム過激派の拠点としてロンドンを最重要視していたことを物語る。ロンドンの情報を押さえることで、アフガニスタンやパキスタンからアフリカまで、世界のイスラム過激派の動きを把握することができるとアルジェリア政府は考えたようだ。

世界の諜報機関は危険な組織や個人についての情報を探るだけでなく、互いに他国の諜報機関の活動も監視している。DGSEはベンアリに関する情報を持っていた。優秀な諜報指揮官である一方、極めて危険な人物と判断していた。情報を収集するだけでなく、時にイスラム過激派を使ってテロも実行させているのではないかとフランス政府は疑っていた。

アルジェリアの諜報機関の特徴は、情報収集という受け身だけではなく、局面を変えるため積極的な作戦や違法な工作にも手を染める点だった。DGSEはハセインをスパイとして使うことで、自分たちの情報がベンアリに流れることを警戒したのかもしれない。ジェロムはこうも言った。

「ベンアリはテロに関与する可能性がある。そのとき、君が何らかの役割を果たさないとも限らない。パリ（DGSE本部）はそう判断した。ベンアリと関係を持つことは危険だという判断だ」

ジェロムの説明は丁寧で誠実だった。ハセインは納得した。

ジェロムは二千ポンドを差し出した。手切れ金だった。ハセインは領収書にサインした。ジェロムはもう一つ別の書類も用意していた。

「あなたたちとの関係については今後、一切公言しません」

と書かれてあった。ハセインはこの書類に署名しながら、これにどんな意味があるのかと思った。他国の主権下での拉致や暗殺までをも計画する組織が、こうした約束を求めることが似合わない気がした。

レストランに入ってすでに七時間が経過していた。ワイン・ボトルは三本目が空になりかけていた。契約解除の書類にサインしながらハセインはこう思った。

「いよいよ英国のスパイになるしかないな」

ハセインは諜報機関の本丸に乗り込むつもりになっていた。

ロンドン警視庁に乗り込む

ロンドン中心部の官庁街にあるビクトリア駅は、ウォータールー駅に次ぐ英国第二の乗降客数を誇る主要駅である。

レダ・ハセインは一九九八年十一月十日、このビクトリア駅近くのパブで緊張した時間を過ごしていた。フランスDGSEと契約を終えて数日しか経っていない。火曜日の午後三時。店の客も少なかった。

店の窓から外を見ていると道行く人の多くが胸に、赤いヒナゲシの造花を付けていた。英国ではヒナゲシが戦死兵追悼を象徴すると考えられている。第一次世界大戦(一九一四〜一八年)終戦後、激戦地に赤いヒナゲシが咲き乱れたためだ。二一年から英国民は毎年十一月の初め、赤いヒナゲシを胸に付け、国のために亡くなった戦死兵を追悼するようになった。

ハセインは人々の胸にあるヒナゲシを見ながら、スコットランド・ヤード（ロンドン警視庁）に乗り込む決意をしていた。スパイとしての売り込みだった。

「プロのスパイとしてやれる自信があった。アルジェリアとフランスの諜報機関と付き合ってきたので、スパイとしてはレディ・メード（既製品）だと思っていた。ただ、誰が考えても非常識だった。紹介者なし、予約なし。いきなりスパイの仕事を請け負いたいと提案しに行くんだから」

どうやって話を切り出すべきか、相手はどんな反応をするだろうかと考えたら、少し怖《お》じけづいた。近くまで来てパブに入った。酒で緊張感を飛ばすためだった。酒の力を借りた度胸を英語では、「ダッチ・カレッジ（オランダ人の勇気）」という。一六一八年から中央ヨーロッパを舞台にプロテスタント諸国とカトリック諸国が戦った「三十年戦争」で、英国兵が恐怖を紛らわせるため、オランダ産ジンを飲んだことに由来している。ハセインも、「オランダ人の勇気」を借りようと思った。

ハセインはジンではなく好みのジャックダニエルをストレートで四杯飲み干した。ジャックダニエルはテネシー・ウィスキーである。スコットランド・ヤードに乗り込むのだから、スコッチにしようかとも思ったが、ハセインは普段からウィスキーはジャックダニエルと決めている。平常心で臨むためにもこの方がよかった。

パブを出て警視庁の正面に立ったのは午後四時ちょうどだった。すでに辺りは薄暗い。警視庁に入るのは初めてだ。スーツ姿で玄関を抜けたハセインは深呼吸して受付に進んだ。

「対テロ部隊の幹部と話がしたい」

唐突に言われ受付の女性も面食らったようだ。だが、女性はあくまで丁寧だった。

「よろしければ、理由を聞かせてもらえますか」

「微妙な問題なので信頼できる幹部と直接、話したい」

女性は目の前の椅子に腰掛けて待つよう言った。

ハセインは気持ちが高ぶってじっとしていられなかった。椅子に腰掛けたが、すぐに立ち上がり、また座った。目をつぶって心を落ち着かせようとした。外でたばこを吸い、また、戻って椅子に座った。

一時間近く待つと、ぱりっとスーツを着こなした男性が二人現れた。受付の女性が二人に、「あの人です」というように目配せした。

「こんにちは。一緒に来てください」

一人が言った。物腰は柔らかだった。

二人の男が歩き出し、ハセインが続いた。男はＩＤカードと暗証番号で扉を開け、小さな部屋に入った。促されハセインは腰掛けた。一人が名刺を差し出した。「巡査部長　スティーブン・ウォルシュ」とあった。年はハセインより二つ、三つ上だろう。ウォルシュはもう一人の男を指さしながら言った。

「アシスタントのリチャードです」

たぶん巡査なのだろう。

ウォルシュはすぐに本題に入った。

「微妙な問題ということですが、内容を聞かせてもらいたい」

ハセインは「微妙な問題」を脇に置いて、警視庁に対する不満を述べた。

「警視庁の方と会うのは実は、初めてではない。ベルナム・フォームという人にすでに相談しているが連絡がない」

ハセインは約半年前の九八年五月二十日、「ベルナム・フォーム」と名乗る警視庁幹部に会っていた。フランス諜報機関のスパイとして活動していた時期だった。亡命問題で警視庁にサポートをしてもらえないかと相談に行ったのだ。

ハセインとこの警視庁幹部との接触の橋渡しをしたのがサンデータイムズ紙記者、デビッド・レパードだった。ハセインの話の中にその後、何度かこの記者が登場するので、ハセインとレパードの関係を説明する。

ハセインがこの記者と知り合ったきっかけは、アルジェリア大使館にいた諜報指揮官、アリ・デルドゥーリとアルジェリア移民の世話役的存在だったムハンマド・セクームだった。デルドゥーリとの話の中で、イスラム過激派の動きを追っている著名なジャーナリストとしてレパードの名が出たことがあった。ハセインの頭に、この記者の名が残っていたとき、セクームからレパードのことを知らされた。ハセインはセクームを通して、レパードと知り合った。

そのレパードの紹介で会ったのがベルナム・フォームだった。ハセインはそのとき、政治亡命について相談するとともに、DGSEと付き合いがあることも打ち明けている。

私はこの経緯を確認しようとレパードに連絡を試みた。何度電話をしても留守番電話だった。メッセージを吹き込んでも何の連絡もなかった。電子メールでの連絡も試みた。ハセインからも、取材を受けてやってもらいたいとメールしてもらった。二週間ほどしてレパードはようやく電話に出た。受話器の声は明らかに迷惑そうだった。

「締め切りに追われ忙しい。（ハセインとの）やりとりは、すでに遠い昔の話だ。話すことはない」

数秒のやりとりで電話は切れた。自分とネタ元との関係について詮索《せんさく》されるのは、ジャーナリストとして嫌なはずだ。

ハセインがスパイ活動を暴露するとき、レパードが重要な役割を果たす。その際、ハセインはある時点で、レパードと英国諜報機関の関係に疑いを抱き、二人の関係はぎくしゃくした。私がレパードに接触したときには、二人の関係はすっかり冷え切っていたのだ。

レパードはサンデータイムズ紙屈指のスター記者だった。次々と大きなスクープを放っていた。ハセインとの関係も、数ある特ダネの一つだった。利用価値のなくなった人間と付き合いを続けるほど、暇な時間はないようだった。ハセインは私との会話の中で繰り返し、自分がスター記者のレパードといかに親しいかを説いて聞かせた。しかし、ハセイン自身、自分がすでにレパードに必要とされなくなっていることを知っていたはずだ。レパードが取材を拒否したことを伝えると、ハセインは黙ってうなずくだけだった。

話をロンドン警視庁に戻す。

警視庁幹部のフォームに自分の政治亡命について相談したときの思いを、ハセインはこう言う。

「スパイをしているため、亡命が認められないのではと思っていた。亡命を認めるかどうかを決める内務省担当者との面談が、直前になって二回延期された。偶然というには変だと思った。周りのアルジェリア人たちの場合、亡命の判断は早々と出ていた。自分だけが待たされる理由を考えると、スパイとの関係しか浮かばなかった」

ハセインはフォームに、亡命認定のためにはスパイ活動をやめるべきかと率直に聞いた。フォームは「その必要はない」と言い、近く連絡すると約束した。しかし、その後、連絡はなかった。レパードは、ジャーナリストである自分が会合に同席していたため、フォームが警戒して連絡をしてこないのかもしれないと言った。今回、ハセインがレパードに相談せず、「オランダ人の勇気」だけで警視庁にやってきたのはそのためだ。

「フォームから連絡がない」というハセインの不満をウォルシュは静かに聞いていた。しばらくしてウォルシュは言った。

「微妙な問題というのはそれですか。フォームという人から連絡がほしいということですね」

「ここに来たのは、それが目的じゃない。後でベルナム・フォームという人物について、調べてもらえば、私のことを理解してもらえると思い、話したまでだ。ここに来た目的はもう一つある。私はあなたたちと働く用意があると伝えるためだ」

ハセインはイスラム過激派の動きをかいつまんで話した。アブ・ハムザとアブ・カタダがどうやって若者をテロリストに仕立て、アフガニスタンの軍事訓練キャンプに送り込んでいるかを説明し、自分が彼らの動きを監視し続けてきたことを明かした。

ウォルシュはノートにペンを走らせながら聞き、話が一段落したとき言った。

「わかりました。一ヵ月以内に連絡します」

ハセインは、この間に警視庁は自分の身辺調査をするのだろうと思った。自分の提案が関心を引いたかどうか、ハセインは確たる思いを持てないまま警視庁を出た。街はすっかり暗くなっていた。

「目と耳になってもらいたい」

約三週間後の一九九八年十二月三日、木曜の朝九時、ウォルシュから電話があった。「外で会いたい」と言って、待ち合わせ場所を指示した。ハセインは警視庁が自分に関心を示したのかもしれないと思った。面会場所が外だったためだ。

指示された通りハセインは、ウォータールー駅近くのバーガーキングに行った。ウォルシュからは、「リチャードが待っている。話しかけず、近づかず、ただ彼の後を歩け。話しかけた場合、その時点で会合はキャンセルされる」と言われた。

ハセインはバーガーキング前でスーツ姿の男性を見つけた。背丈約百八十センチ、灰色の髪。リチャードに違いない。向こうもハセインに気づき、すぐに歩き始めた。冬の風が顔を刺した。三十分以上、歩いた。

リチャードはホリデイ・インに着くと、そのままエレベーターに乗り込んだ。ハセインもそれに続き、二人はそのままスィートルームに入った。

ウォルシュが待っていた。用意されていたのはアメリカン・コーヒーだった。ハセインは少しがっかりした。ワインだったら、ジェロムのときのようにすぐに打ち解けられるのに。ハセインは英仏の文化の違いを見たように思った。

繰り返すが、諜報活動にはその国の文化や歴史、習慣、哲学がはっきりと現れる。フランスと英国の諜報活動はワインとビール、ブランデーとウィスキーほどの違いがある。ハセインは諜報機関の指揮官の人柄の違いも感じていった。

「ジェロムと俺は、個人的に信頼関係を作った。ワインを飲んで、女性や趣味の話もした。英国は違った。スコットランド・ヤードでもファイブ（ＭＩ５）でも、あくまでビジネス上の付き合いだった。英国人はあまりに真面目《まじめ》でいらいらさせられた。試合前から緊張しているプレーヤーのようだった」

ウォルシュは、ハセインがこれまでどんな活動をしてきたのか聴取した。自分をビジネス・パートナーとするかどうかの口頭試問だとハセインは思った。

面談は約一時間続いた。ウォルシュは冗談をはさむこともなかった。事務的にハセインの話をノートに書きとめ、言った。

「クリスマス休暇をはさむので、次の連絡は年明けです。こちらから連絡します」

ウォルシュからの電話は、年のあらたまった一九九九年一月二十七日午前十時にあった。「午前十一時十五分に地下鉄グリーンパーク駅入り口に来い」という指示だった。観光客に人気のバッキンガム宮殿衛兵交替儀式が行われる場所の近くだった。

ハセインは約束の時間より少し前に現場についた。リチャードが姿を見せた。言葉を交わすことなく二人は歩き出した。行き先は先日と同じ、ホリデイ・インだった。スィートルームでウォルシュがコーヒーを用意していた。

「モスク内のことについてもう少し、聞かせてもらいたい」

ハセインはモスクの構造からアブ・ハムザの説教の内容、信者たちの様子について説明し、下手な絵まで描いた。ウォルシュは真剣にノートにペンを走らせた。リチャードは静かに座っているだけだった。一時間ほど聴取が続いた後、ウォルシュは言った。

「あのモスクには、私たちも関心を持っている。これからも引き続き、モスクに潜んで、私たちの目と耳になってもらいたい」

このときウォルシュは初めて自分の所属部署を明かした。警視庁特別部。テロリスト情報を専門に収集する部局である。二〇〇五年にはテロ対策の作戦実行部隊であるテロ対策部と統合され、現在はテロ対策司令部の一部になっている。ウォルシュは手帳のカレンダーを見ながら、次は三月八日の月曜日に連絡すると言った。

「私たちの目と耳になれ」

ハセインはこの言葉で、スパイの仕事が発注されたと考えた。そして、このとき初めてハセインは、英国籍を取得したいので、警視庁でそれを支援してほしいとウォルシュに伝えた。九四年の渡英直後から、一貫して亡命を申請してきた。結局、亡命について英国は結論を出さなかった。英国の場合、滞在が五年になると一定の条件をクリアすれば市民権（国籍）、永住権のどちらかを申請できる。

日本のように二重国籍を認めていない国の場合、外国籍を取得するには、日本国籍を捨てる必要がある。そのため、日本国籍を持ちながら英国に暮らし続けるには、永住権を取得することになる。

一方、アルジェリアと英国はともに二重国籍を認めている。そのため、アルジェリア国籍を持ったまま英国籍を取得することが可能だ。ハセインは警視庁と働くことになったことで、要求を政治亡命から国籍の取得に変更した。

「政治難民の立場ではアルジェリアへの入国ができないんだ。亡命を申請したときは、アルジェリアでテロの嵐が吹き荒れ、二度とアルジェに戻ることはないと思っていた。だが、九八年ごろになってテロが終息する気配があった。できることなら、英国籍を取得したいと思った。それならアルジェリアに帰ることも可能になるからだ」

ハセインはこれ以降、警視庁とＭＩ５に繰り返し英国籍を要求し続けることになる。

ウォルシュからの連絡はなかった。ハセインは報酬も受け取っていない。警視庁は本当に自分の情報を必要としているのか。自分を使う気があるのか。「目と耳になってもらいたい」とはどういう意味だったのだろうか。

「モスクに通うのにも最低、バス代はかかる。スパイとして情報をとるには、事情通を食事に誘うこともあるのにカネがない。情けなかった。危険を冒してやっているのに、それに対する気遣いはゼロだ。モスク内の情報をメディアに売れば、すぐにでも数千ポンドになるのに」

ハセインは報酬について警視庁と話をしていない。自分から報酬について確認しなかった理由をハセインは、「言うまでもないことだと思った」と説明する。ただ、私はハセインの頭には、国籍の問題で有利な取り計らいをしてもらいたいという打算があったのではないかと思っている。報酬額を確認することで、せっかく築けそうになった警視庁との関係が壊れ、それが国籍取得のじゃまになるのを、ハセインは危惧《きぐ》したのではないか。

私のインタビュー依頼に、「カネの支払いがないと受けないよ」と言うほどの男が、「目と耳になってくれ」と言われた程度で仕事を依頼されたと認識し、報酬について確認しないのは不可解だ。

アルジェリア諜報指揮官との接触

この時期、ハセインはロンドンのアルジェリア大使館諜報指揮官、ベレイド・ベンアリに接触している。

一九九九年二月十四日の寒い夕方だった。ロンドン中心部ホーランド・パークの小さな喫茶店で会ったベンアリは、「アブデル・アジズだ」と名乗ったが、ハセインは前任者から本名を聞いていた。バレンタイン・デーにしては野卑なデートになった、とハセインは思った。

ハセインはフランス大使館のジェロムからベンアリについて聞かされたことがあった。スパイの指揮官としては極めて優秀である。ただ、場合によっては破壊活動にも手を染める危険人物。味方にすれば心強い反面、決して敵に回したくない相手だった。箸にも棒にもかからない官僚主義的人間より、危険な人物との方が刺激的な関係を築けるとハセインは信じていた。特にスパイ活動においては、「事なかれ主義」で解決するものは何もなかった。

最初の面談は四十五分ほどで終わった。ハセインはこのとき、「ジャーナリストとしてイスラム過激派の動きを追っている」と説明した。ベンアリは、「それはいい人物と出会えた」と言った。当時、ベンアリはロンドンにいるジャーナリストと接点を持ちたいと考えていた。ベンアリはイスラム過激派の監視と同時に、アルジェリア政府が取り組み始めた穏健派イスラム主義者との和解工作も担当していた。ロンドンのジャーナリストと良い関係を作り、和解機運をサポートする国際世論を作りたいと考えていたようだ。

ベンアリは喫茶店を出るとき、「三日後の十七日午後七時、ノッティングヒルのパブで夕飯を一緒にしよう」と提案し、七時ちょうどに来るよう念を押した。ベンアリは時間を絶対に無駄にしたくない男のようだった。

諜報の世界には時間に厳格な者が多い。ハセインもスパイ活動をするようになって、時間に厳しくなった。監視だけでなく、指揮官とのやりとりなども、厳しく時間を指定して実施される。時間に間に合わなかった場合、決定的な情報を逃し、それが国の安全保障や自分の身の危険につながる。自分を守るためにも時間に余裕を持つことが大切だとハセインは考えていた。スパイをするとき、ハセインは必ず、約束の三十分前には目的の場所に着いた。余裕を持って現場に行き、会合場所の周辺を一通り見回ることが習慣になった。スパイから身を引いた今も、その習慣が抜けない。私との約束でもハセインは常に、早めに会合場所に姿を見せた。

ハセインは指定時間の前にノッティングヒルに着き、七時になるのを待ってパブに入った。ベンアリもちょうど店に入るところだった。無言で席に着くとベンアリは、「飲めるか」と聞いてきた。ハセインは笑顔でうなずいた。二人は英国の代表食、フィッシュ・アンド・チップスを二皿、そしてフランス産白ワインを一本、注文した。

二人はほぼ同世代のアルジェリア人である。イスラム過激派による市民の犠牲に義憤を感じている点でも共感できた。ワインを飲みながら話すと、打ち解けるのに時間はかからなかった。

「西側の政治家は結局、自分たちの国のことしか頭にない。アルジェリアに対し、民主的に選挙しろと圧力をかけてくるが、悪魔と戦争をしている国が民主選挙なんてできるはずがない」

ワインが進むに従い、欧米政府への不満がベンアリの口を衝《つ》いて出た。理想を押しつけるだけでアルジェリアの現状を理解しないという不満だった。ワイン・ボトルはみるみる空いた。

聞いていた通り、ベンアリはイスラム過激派の国際ネットワークについて、実に豊富な情報を持っていた。アルジェリア軍は九二年のクーデター以降、国内でイスラム原理主義者によるテロと戦ってきた。アルジェリア軍の最大の仮想敵は、外国の正規軍ではなく、イスラム武装過激派組織だった。

アルジェリア政府は世界各地に大使館を置き、主な大使館にはベンアリのような諜報指揮官（機関員）がいる。指揮官はそれぞれの国で集めたイスラム主義者に関する情報を本国に上げる。ベンアリはアルジェに集約された情報を入手できる立場にいるようだった。

また、国際テロ組織アルカイダの動きもよく把握していた。アルジェリア軍はアルカイダ内部にもスパイを潜入させていると、ハセインは確信した。

「フランスのジェロムと違って、胸襟を開くタイプじゃなかった。信念の強さ、判断の的確さと実行力で周りを信頼させるタイプだった」

三本目のボトルが空になった。ハセインは言った。

「あなたは諜報担当のコロネル（大佐）ですね。あなたが今、話しているのは誰だかわかりますか」

もったいぶった言い方だ。ハセインの気負いが感じられる。

「どういう意味だね」

「私のことですよ」

「アルジェリア人ジャーナリストだろう」

「もう一つ肩書があるんです」

「…………」

「スコットランド・ヤードの工作員です」

ベンアリの仏頂面《ぶっちょうづら》に、かすかな驚きが浮かんだようにハセインは思った。

ハセインは当時、警視庁と正式契約をしているわけではなかった。「目と耳になってくれ」と言われたに過ぎなかった。酒の勢いもあって、はったり気味の発言になった。当時、アルジェリア政府と英国政府の関係は良くなかった。アルジェリアの軍・諜報機関は英国に危険人物に関する情報を提供しているのに、英国側からは満足な情報がもらえず苦労していた。

アルジェリア軍・諜報機関は、フィンズベリー・パーク・モスクをはじめ英国各地にスパイを送り込んでいた。そのためベンアリにとっては、ハセインがどれだけイスラム主義者の動きに詳しくても、さほど貴重な情報源にはならなかった。しかし、英国の治安・諜報機関と関係しているなら、価値は格段に高くなる。ハセインから、英国の治安・諜報機関に関する情報が入手できるかもしれないとベンアリは期待したはずだ。

一方、ハセインはベンアリから、イスラム過激派に関する情報を提供してもらえると思った。モスクに潜入するハセインは過激なイスラム主義者や武装メンバーの動きに接することができる。ただ、彼らの言動が何を意味しているのかは理解できない。国際テロ・ネットワーク全体から見た場合にモスク内の動きが、どの程度の重要性を持っているのかがわからない。ハセインは自分が実際に見て、聞いた生の情報をベンアリに提供する。そして、ベンアリはそれを分析し、時にはアルジェリア軍に問い合わせて追加情報をもたらしてくれる。そして、ハセインはこうして生の情報に分析を加味して、自分なりの考えを作る。そうして作り上げた考えを警視庁とのやりとりで利用するつもりだった。

ベンアリとの会話の中で、特に印象に残った言葉があった。ウサマ・ビンラディンについての発言だった。

「ウサマは今、欧米に対し、『大きな攻撃』を計画している。それが、とてつもなく大きなことだということはわかっている。だが、具体的にそれがどういう計画なのか、いつ実行されるのかが皆《かい》目《もく》、わからない」

ハセインは言う。

「自分のスパイ活動は、友人や先輩が殺害されたことへの報復がきっかけだった。そのためターゲットはあくまで、アルジェリアでテロを実行する武装イスラム集団（ＧＩＡ）と、それをロンドンで支援するアブ・ハムザ、アブ・カタダだった。欧米を狙った『大きな攻撃』と聞いても正直、ぴんと来なかった。自分の関心が向かうところじゃなかった」

国際テロ・ネットワークを監視対象に

一九九九年に入ると、アルジェリアのテロは減少した。アルジェリア軍はもがきながらも、ＧＩＡとの戦いに勝利しつつあった。裏工作や暗殺を交えたアルジェリア軍の、体面をかなぐり捨てた対テロ作戦が効果を上げた。その背景には、国民のイスラム主義者への嫌悪感の高まりがあった。軍事クーデター直後には国民の一部に、ＦＩＳなどイスラム主義者への同情や親近感があった。しかし、その後、イスラム主義者が軍人だけでなく多くの市民を無差別に殺害したことから、国民のあいだにイスラム主義者への嫌悪感が膨らみ、軍に協力する市民が増えた。九七年ごろになると国民にＦＩＳやＧＩＡへの同情はなくなった。市民を敵に回したイスラム主義者が生き残れる場所はない。

一方、イスラム主義者の側から見るとアルジェリアで自分たちの勢力が弱体化した背景には別の側面もある。アブ・ハムザやアブ・カタダが、不信心者との戦いの拠点をアルジェリアから欧米に広げたことである。直接のきっかけは九八年のケニア、タンザニアでの米国大使館爆破テロ事件だった。アルカイダに加わったＧＩＡはビンラディンの呼びかけに応じ、攻撃対象をアルジェリア人から欧米人に拡大した。これがアルジェリア国内の治安の沈静化につながった。

アルジェリアでは九九年四月、大統領選挙が実施された。当選したブーテフリカはさっそくＦＩＳとの和解に動き出す。国民にイスラム主義者への嫌悪感が増大し、ＦＩＳが孤立を深めているときを狙って穏健派のイスラム主義者に対し、「武器を置くなら、過去の犯罪は罪に問わない」と提案した。

イスラム主義者の中にも、無差別にテロ対象を拡大するＧＩＡなど過激主義への不満が生まれていた。ブーテフリカの国民和解の呼びかけが功を奏し、イスラム主義者がどんどんＦＩＳなどの組織から離れた。

ハセインはこうした祖国の環境の変化やイスラム過激派の国際化に合わせ、スパイ活動の目的を変える必要があった。

「アルジェリアのテロは抑え込まれた。やつらのテロはよりグローバル化した。アルジェリアでテロがなくなったからといってスパイ活動から足を洗うべきか。自分の出した答えはノーだった。スパイとしては、今こそ大きな仕事ができそうだった。テロリストたちは世界に向け新しい戦争を仕掛けていた。俺もその状況に対応してやろうと思った。テロは止められないかもしれないが、目撃者にはなれると思った。一番近いところで、やつらを見続けようと思ったんだ」

ハセインの監視対象はアルジェリアを狙ったテロリストから、国際テロ・ネットワークに広がっていった。

ロンドン警視庁の冷たい対応

一九九九年は年初から、旧ユーゴスラビア・コソボに国際社会の関心が集中した。九六年以降、コソボでユーゴスラビアからの独立を目指す動きが高まり、ユーゴスラビア軍とアルバニア系コソボ独立派の間で緊張が続いていた。そして一月十五日、アルバニア系住民に対する大虐殺（ラチャクの虐殺）が起こり、欧州ではアルバニア系住民保護のためコソボへの空爆を求める声が高まった。

そんな中、ハセインは経済的に不安を抱えながらも、地道にイスラム主義者の監視活動を続けていた。

警視庁のウォルシュから連絡があるはずだった三月八日は、何の連絡もなく過ぎた。ハセインは自分が軽く見られていると思った。翌朝、ハセインの方から警視庁に電話した。

「どうなっているんだ。カネが底をつきかけている。報酬の前金だけでももらいたい。電話代を払わなければ、あと二日でこのラインも切られる」

ウォルシュは十日午後七時、地下鉄グージストリート駅出口でリチャードが待っていると言った。約束時間に落ち合ったハセインとリチャードは、電器店街を歩いて、一つ南のトッテナムコートロード駅近くのパブに入った。ハセインはいつものようにジャックダニエルを注文した。

リチャードは封筒を差し出した。

「百ポンドあります」

ハセインが封筒をのぞくと二十ポンド札が五枚入っていた。

「バカにするな。こっちは六週間、モスクに通っている。あんたたちの目と耳になるためだ。バス代だけで百ポンド以上になっている。友人に借金もした。どうやって生活しろというんだ」

リチャードは同情する表情を見せ、「これは必要経費です。あとで上司が来るので報酬は、そのとき報告書と交換に支払われるでしょう」と言った。

二人はしばらく、とりとめのない話をした。こうした場合、英国人が話題にするのはサッカーである。男同士ならまず、サッカーを話題にしている限り、適当に時間をつぶすことができる。

リチャードはプレミア・リーグのチェルシーのファン、ハセインのひいきはアーセナルだった。ともに同じロンドンを本拠にしたチームということで話は余計に面白い。日本のスポーツの場合、プロ野球の巨人対阪神、巨人対中日のようにライバル都市チーム同士の試合が盛り上がりを見せるが、英国のサッカーでは、同じ都市を本拠とするチーム同士の試合が「ダービーマッチ」と呼ばれ、ファン同士の敵対感情を駆り立てる。

このシーズンはチェルシーとアーセナルが競っていた。この日（一九九九年二月十日）時点で、首位が勝ち点57のマンチェスター・ユナイテッド。チェルシーとアーセナルはともに勝ち点53で熾《し》烈《れつ》な二位争いをしていた。ハセインとリチャードは互いに相手チームをけなし合って、笑った。

二人がサッカーの話題に興じていると、一人の男が姿を見せリチャードと目配せした。リチャードはハセインに、「マークです」と紹介した。ありふれた名前だ。偽名だろうとハセインは思った。イスラム過激派にしても、それを監視する諜報機関にしても、名前にほとんど意味はない。呼びかける名前を決めておかないと、紛らわしいので一応、何らかの名前を付けているという程度のものだ。

マークはリチャードの上司で、極端に神経質な男だった。ハセインとはまったく、相性が合わなかった。

「入ってきたときから、左右を見て、後ろを見て、また、左右を見るような男だった。この男なら、自分の影にさえおびえそうだった」

マークはあいさつもそこそこにこう言った。

「もしも、知り合いが我々を見かけたら、君はジャーナリストということにしてくれ。あくまで君はジャーナリストだよ、わかっているね」

ハセインはバカな男だと思った。どこに自分から、「俺はスパイだ」と名乗るスパイがいるだろうか。

ハセインは英文で書いた手書きの報告書をマークに渡した。その中には、偽造パスポートの作成や販売など、イスラム過激派がやっている法律違反の事例が具体的に記されている。警視庁の関心をひく自信がハセインにはあった。

報告書を受け取ったマークは、百ポンドをハセインに手渡した。報告に対する報酬だった。ハセインは、「この連中は、コンサートのチケットでも買ったつもりなのか」と思い、不快感がこみ上げてきた。

マークはすぐにパブを後にした。入ってきてから二十分も経っていなかった。フランスのジェロムのときは五時間も六時間も語り合った。それと比べ、あまりに事務的なやりとりだった。警視庁はスパイ活動を役所の事務仕事と考えているようだった。

スパイ活動は法律すれすれ、時にそれを犯すこともある特殊ビジネスだとハセインは考えていた。法律内でスパイ活動をしていて、法を犯す危険人物たちに対抗できるはずがない。だからスパイは日陰の身であるべきことは理解していた。ただスパイを指揮する組織幹部には、その特殊性を認識してもらいたかった。スパイに敬意を払ってほしかった。警視庁の対応からは、それが露ほども感じられなかった。

マークと会った翌十一日、警視庁特別部のウォルシュから電話があった。

「二十九日に連絡を入れる。十八日後だ。それまで引き続きモスク内の言動を監視してほしい」

ウォルシュから電話のあった翌日（三月十二日）は金曜日だった。ハセインはいつも通り集団礼拝に参加するためモスクに入った。すると、アブ・ハムザが、「デモに参加してくれ」と呼びかけていた。時間は礼拝後、場所はロンドン中心部の首相官邸前。できるだけ多くの人間に参加してほしいと号令をかけていた。英国当局に逮捕されたイスラム過激派の釈放を求めるデモだった。

集団礼拝後、ハセインはアブ・ハムザやその取り巻きと一緒に地下鉄で首相官邸に向かった。金属製の鉤を両腕に付けたアブ・ハムザと、顔中を濃いひげで覆った男たちがそろって電車に乗る風景はかなり異様だったはずだ。

官邸前には他のモスクからも、過激な信者が集まってきた。アブ・カタダの姿もあった。デモ参加者は約百人になった。彼らが釈放を求めたのはアルジェリア人過激派のラシッド・ラムダだった。四年前の九五年七月二十五日に発生したパリ地下鉄サンミッシェル駅爆破事件に関与したとされるＧＩＡメンバーだった。フランス政府からの求めに応じ英国政府が九五年十一月、逮捕していた。

フランス政府はラムダの身柄引き渡しも要求した。英国の裁判所でラムダは容疑を否認し、「フランスに引き渡されれば拷問される」と主張した。英国の法律は、拷問の可能性のある国に容疑者を引き渡すことを禁じている。英国ではこれ以降、アブ・ハムザを含め多くのイスラム過激派が外国でのテロ容疑で逮捕されるが、拷問の可能性を理由に身柄引き渡しに抵抗する法廷戦術が多用された。結局、ラムダがフランスへ引き渡されたのは二〇〇五年十二月である。このデモの時点ではまだ、ラムダは英国内で拘置され、フランスへの移送を巡り司法の場でやりとりが続いていた。

「目と耳を使い捨てにするのか」

デモの間、ハセインはアブ・ハムザの横に立っていた。ハセインの携帯電話が鳴った。ディスプレーにはサンデータイムズ紙のデビッド・レパードの番号が表示された。

「レダ（ハセイン）、驚くな。アブ・ハムザが逮捕される。数時間以内だ」

「…………」

「聞いているか。警視庁がついにやつを逮捕する」

ハセインはアブ・ハムザから少し離れると、小声で答えた。

「ならば、俺も逮捕されるかもしれない」

ハセインのもったいぶった言い方だった。

「どういう意味だ」

「そいつは今、俺の横にいる。一緒にデモに参加しているんだ」

「…………」

レパードはデモについて知らなかった。携帯電話の向こうから、スター記者の驚きが伝わってきた。レパードの声は明らかに興奮していた。

「そのままやつの横にいてくれ。逮捕されたらすぐに電話がほしい」

レパードは逮捕をいち早く察知でき、しかも逮捕の瞬間の詳細についてハセインから聞くことができると考えたようだ。

ハセインも興奮していた。自分の報告書で警視庁がアブ・ハムザの危険性に気づいたのかもしれない。英国が遂に国際テロ・ネットワークの本丸に乗り込むのかもしれないと思うと、身震いするような感覚に襲われた。一方、冷静になってみると警視庁への不満も湧いた。なぜ、自分に連絡してこないのか。スパイには何も知らせないつもりなのか。

ハセインは警視庁に電話した。ウォルシュの直通番号だった。誰も出なかった。逮捕情報を確認したかった。周りを見渡すと見覚えのある顔があった。マークだった。二日前に自分の影にさえおびえる素振りを見せていた男だ。ハセインと目を合わせたマークはすぐに、その場を立ち去ろうとした。ハセインは早足で近づくとマークに声をかけ、メモを手渡した。相手の顔は青ざめていた。自分が警視庁特別部の人間だと、ここに集まっている連中に知れたら大変なことになるという不安が顔全体に現れていた。ハセインは手渡したメモに、「ウォルシュに連絡がとりたい」と書いておいた。

三十分ほどしてウォルシュから電話が入った。

「何を考えているんだ。なぜ、マークに声をかけたんだ。自分の立場をわきまえてくれ。我々に声をかけてはいけないことぐらい、わかっているだろう」

電話口から、いらだちが伝わってきた。逮捕情報は本当かもしれないとハセインは感じた。

「確認したいことがある。アブ・ハムザが逮捕されるというのは本当か」

「…………」

ウォルシュは絶句した。なぜ、ハセインがそれを知っているのか、その理由を探っているようだった。最高機密が漏れていることに驚き、その理由がわからないことに戸惑っているのは明らかだった。ハセインはたたみかけた。

「なぜ俺に伝えないんだ。ジャーナリストにはその情報を漏らしているのに、俺は蚊帳《かや》の外か」

「とにかくしゃべるな。話は後だ」

ウォルシュは電話を切った。

警視庁が以前から、アブ・ハムザの逮捕を計画していたのか、それとも、ハセインの報告書を基に逮捕を決めたのか、それはわからない。ただ、ハセインの報告書提出時期と警視庁がアブ・ハムザを逮捕する時期が一致している。ハセインには偶然の一致とはどうしても思えなかった。報告書には、明らかに違法性が認められる事実も盛り込んでいる。自分の報告書で逮捕に持ち込みながら、報告書を作った本人には何の連絡もないのか。警視庁はスパイを、都合のいいときだけ利用できる便利屋とでも思っているのか。

ハセインは言う。

「スコットランド・ヤードがアブ・ハムザを逮捕するのなら、それは俺が逮捕したようなものだと思っていた。俺が目で見て、耳で聞いた情報がやつの行動を止める。それなのに俺には何の連絡もなかった。目と耳を使い捨てにするのかと思った」

アブ・ハムザ逮捕

ウォルシュとの電話の後、ハセインは再びデモに戻った。アブ・ハムザらは二時間近く抗議行動をした後、解散した。結局この日、アブ・ハムザは逮捕されなかった。

アブ・ハムザが逮捕されたのは週明けの十五日、月曜日だった。ハセインは午前九時ちょうどに警視庁から電話を受けた。

「今朝、アブ・ハムザを逮捕した」

ウォルシュは短く言うと電話を切った。テレビをつけると各局がアブ・ハムザ逮捕を伝えていた。逮捕容疑はテロ防止法違反。イエメン・アデンで前年末に発生した誘拐事件にアブ・ハムザが関与しているとしてイエメン政府が英国に逮捕を求めていた件だった。

テレビ報道を見てハセインは確信を深めた。自分の作った報告書が逮捕の決め手になった。自分の報告書だけを証拠に逮捕したわけではないだろうが、証拠を固める材料の一つになったことは間違いなさそうだった。ハセインはアブ・ハムザがイエメンの誘拐事件についてやりとりしている様子を目撃し、それを報告書に書いていたのだ。

それは一九九八年も暮れようとするころだった。フィンズベリー・パーク・モスク内で周りの会話に聞き耳を立てていたハセインは、ある情報を入手する。

「アブ・ハムザを信奉する若い戦闘員の何人かがイエメンの山岳地帯に向かった」

その目的がはっきりしたのは十二月二十八日だった。ラマダン（断食月）の日没を待ち、イフタール（断食後の食事）を摂《と》ったときハセインは、モスク内の雰囲気が普段と違うように思った。アブ・ハムザの取り巻きが口々に話していることをそれとなく聞いてわかった。このモスクからイエメンに向かった若者たちが欧米の観光客を誘拐したのだ。誘拐されたのは英国人十一人、米国人、オーストラリア人各二人とカナダ人一人だった。

ハセインはモスクでアブ・ハムザのすぐ横に座り、のんびりとくつろいだ様子を装った。アブ・ハムザはさかんに電話でやりとりしていた。相手は、イエメンのテロ組織「アデン・イスラム軍」のリーダー、ゼイン・アブディン・ミフダール（通称アブ・ハッサン・イエメニ）だった。アデン・イスラム軍はケニア・タンザニア米国大使館爆破テロ事件前後に組織されたと考えられ、アルカイダのイエメン支部として活動していた。

アブ・ハムザとその取り巻きたちは誰もがとても、幸せそうだった。大きな作戦を成功させたという充実感、達成感が伝わってきた。実際、「俺たちのジハード（イスラム聖戦）の幕開けだ」と語る者もいた。モスクでは若者たちが、誘拐を実行した犯罪者たちに祈りを捧げていた。

結局、イエメン国軍は事件発生翌日、人質救出作戦を実行し、人質四人と実行犯一人が命を落とした。アブ・ハムザたちはそのとき、通常の礼拝をしたあと、この実行犯のために特別礼拝をした。モスクと関係のある人間が殺害された場合、アブ・ハムザたちは「殉教者」への敬意を表すため特別礼拝をしていた。アブ・ハムザはこう演説している。

「彼（殺害された実行犯）は今、天国に行った。それは彼に対する褒美である。殉教者のために祈ろう。我々も彼の遺志を継ぎたいと思う」

また、アブ・ハムザはアブ・ハッサン・イエメニから、「自分も近く、イエメン治安当局に殺害されるだろう」とのメッセージを受け取ったことを紹介し、

「イエメンの兄弟（アブ・ハッサン・イエメニら）はイスラムの英雄である。我々はジハードを実行した彼らを支援しなければならない。我々はユナイテッド・スネーク・オブ・アメリカ（アメリカの蛇やろう）を破壊しなければならない」

と叫び、信者たちは、

「アッラー・アクバル（神は偉大なり）」

と唱和した。

アブ・ハムザは九九年元日の金曜日、イエメンでの誘拐について声明を発表し、誘拐の実行犯たちを称えた。ハセインはモスクで見聞きした内容とこの声明を、警視庁に報告した。報告書では、アブ・ハムザが誘拐犯たちに資金や衛星電話を提供していたことにも触れていた。

イエメン政府は九九年十月、誘拐の主犯だったゼイン・アブディン・ミフダールに対して死刑を執行した。

アブ・ハムザ逮捕を報ずるテレビ・ニュースを見ながらハセインが、自分の報告に思いをはせていると、午前十時ちょうどに再びウォルシュから電話が入った。警視庁の電話はいつも時間に厳格だ。モスクでアブ・ハムザ支持者たちの様子を探るようウォルシュは命じてきた。崇拝する指導者

が逮捕されたことで、モスク内の信者が騒ぎ出す可能性があった。警視庁は、支持者たちの様子が気になったのだろう。

ハセインはすぐにモスクへ向かった。アブ・ハムザが逮捕されたことはうれしかったが、警視庁の態度にははらわたの煮えくり返る思いがした。情報収集のための経費さえも十分支払っていないのに、平気で命令してくる神経が知れなかった。

人はロボットではない。感情の動物だ。テロを止めるという同じ目的のために走っている仲間であっても、扱い方一つで敵対感情を生んでしまう。フランスやアルジェリアの諜報指揮官の方が、警視庁に比べスパイの扱い方には慣れていた。少なくともハセインはそう感じた。イスラム過激派への対応でも、そしてそれを監視するスパイへの対応でも、警視庁のやり方は官僚的で、幹部の態度はあきれるほど高飛車《たかびしゃ》だった。

募る不満、抑えがたい怒り

ハセインは昼ごろモスクに着いた。月曜日のため人は少なかった。アブ・ハムザの支持者たちは昼の礼拝後、チャリングクロス警察署で抗議デモをすることを決めていた。アブ・ハムザが勾留されている警察署だった。ハセインはウォルシュに電話し、抗議デモが計画されていると伝えた。

しばらくモスク内を観察していて、奇妙に感じることがあった。ボスが逮捕された割には、彼らが落ち着いているのだ。興奮している者もいない。事情を探ると、みんなは口々に、「師は事情を聴かれるだけで起訴はされない。すぐに釈放される」と語っていた。警視庁の方針がアブ・ハムザ側に漏れていた。

ハセインは昼の礼拝を済ませ、支持者たちと一緒に地下鉄でチャリングクロス駅まで行き、警察署前でデモに参加した。

支持者が言った通りアブ・ハムザは逮捕から三日後の十八日、釈放された。イエメンに引き渡されることもなかった。

釈放後初の金曜に当たる十九日、アブ・ハムザは集まった支持者を前に言った。

「心配してくれてありがとう」

「アッラー・アクバル」

モスク内は大いに沸いた。アブ・ハムザは警察内の様子をこう説明した。

「警察は私を丁重に扱った。敬意を表してくれた。自分が願ったことはほぼ受け入れられた。コーランを読むことも許された」

ハセインはジェロムの言葉を思い出した。

「英国の治安機関は自国が危険にさらされない限り、外国でどんな虐殺が行われようと関心を示さない。英国は、表現の自由と殺害指令をはき違えている」

アブ・ハムザ釈放からほぼ一ヵ月後の一九九九年四月十二日朝、ハセインはウォルシュから電話を受けた。久しぶりに会いたいとのことだった。会合は二日後に設定された。

ハセインは指示された通り十四日午前十一時四十五分、地下鉄グリーンパーク駅の出口に立った。ウォルシュと目が合った。いつもならリチャードが迎えに来ているはずなのに、ウォルシュ自身が姿を見せていた。言葉を交わすことなくウォルシュは歩き出した。二人はいつものように、ホテルのスィートルームに入った。そこには見知らぬ男が待っていた。ぱりっとスーツを着こなしている。

コーヒーが用意されていた。男はロンドン警視庁特別部の「ディック」と名乗った。これもよくある名だ。年はハセインよりやや上、四十代前半に思えた。

「レダ・ハセインさん、あなたに会えてうれしいです」

ディックは型どおりのあいさつをした。

部屋の隅でウォルシュが緊張している。ディックは自分がアブ・ハムザを逮捕し、聴取を担当したと明かした。

「あなたの報告書は聴取する際の参考になった。この三ヵ月のあなたの働きは、我々にとって有益だった。きょうは直接、礼が言いたくてご足労願った」

しかし、ディックの言葉はハセインの心には響かなかった。英国紳士然としてはいるが、気持ちはこもっていなかった。身分を偽ってアブ・ハムザに近づくことの危険について、理解してもらっているとは思えなかった。危険を冒して入手した情報だとわかっているなら、なぜ、アブ・ハムザを釈放したのか。ハセインが疑問をぶつけると、ディックは言った。

「勾留を続けると彼を英雄にすることになる。それを避けたかったんだ」

何を甘いことを言っているんだとハセインは思った。イエメンの誘拐に関与している者を、自国内が混乱する可能性があるからといって釈放してもいいのか。ハセインは警視庁の身勝手な態度を腹立たしく思った。警視庁側に自分の思いを伝える好機だと思い、日ごろの不満をぶつけた。

「私がどれだけ自分の生命を危険にさらしているのか、わかってもらっているように思えない。その証拠に私はこのビジネスで十分な報酬をもらっていない」

経済的に困窮していたハセインの話はどうしても、カネのことになってしまう。話しているうちにハセインの不満は怒りに変わった。自分の国籍問題が片付いていないことからくる不安が怒りに拍車をかけた。ハセインはロンドンに到着してすぐ、家族全員で亡命を申請している。しかし、英国政府はその判断を下さなかった。アルジェリアの友人たちの多くは申請から二ヵ月程度で亡命を認められている。条件が合わずに拒否されるケースもあるが、少なくとも政府は何らかの判断を示している。

そして、ハセインは先日、警視庁に英国籍を取得したいとはっきりと伝えているが、これについても反応はない。警視庁が自分を便利に使うため、国籍問題を棚上げしているのではないかとハセインは疑っていた。雀《すずめ》の涙ほどの報酬しか支払わずに、堂々とスパイ活動を命じてくるのは、警視庁がハセインの弱みを握っていると考えているからではないのか。ハセインには、そうとしか思えなかった。自分に弱みがあるとすれば、それは国籍に関する問題だけだった。

ディックは静かに聞いたあと口を開いた。

「とにかく二週間後に会おう。そのとき、国籍について突っ込んだ話ができる」

ハセインは了解するしかなかった。国籍を取得しない限り、ハセインは英国政府に対し弱い立場に置かれる。当時、ハセインは期限付きのビザで英国滞在を許されていた。英国政府はいつでも、ハセインを国外に追放できるのだ。

次の会合は九九年四月二十八日だった。ハセインは二週間前と同じホテルで午前十一時にディックに会った。ハセインは国籍取得についてめどをつけたいと思っていた。

ディックは形だけのあいさつを済ませるとハセインの経歴について聞いてきた。

「あなたはこれまでアルジェリアやフランスの諜報機関と関係を作ってきたと聞いている。どんな活動をしてきたのか詳しく話してもらえないだろうか」

ハセインは今さら、何を聞いてくるのかと思った。警視庁とやりとりしていると、何度も同じ所をぐるぐると回っている気がした。

ハセインはアルジェリアでの体験をかいつまんで話した。アルジェリア軍に強制的に協力者にされたこと。多くの同僚ジャーナリストが殺され、特に自分が尊敬していた先輩記者が亡くなったこと。そのテロを指示している過激派がロンドンを拠点にしていること。国家の形をとらないイスラム過激派という新しい脅威に対抗するためには、これまでの常識を破って対応する必要があると思ったこと。自分にできることは、スパイになって、テロ組織に打撃を与えることだと考えたことなどを説明した。

ディックはハセインのことを値踏みしているようだった。そこで、ハセインは自分の調査能力を示そうと思った。

「ディック、あなたの本名はリチャード・ブリューウェットですね。自分は本名で対応している。もう偽名で対応するのはよしませんか」

ディックの驚きが、ハセインに伝わった。ハセインは自分がただ、モスクで冊子を入手するだけのスパイではないことを示すため、知り合いを使ってディックの本名を探っていた。

ブリューウェットが言葉を失ったのを見て、ハセインは自分の思いをぶつけた。

「イスラム過激派の情報をむしり取りたいだけなら、ほかをリクルートしてほしい」

ハセインは諜報機関と共闘してテロリストを追い込もうと思っていること、自分は便利屋ではなく、ともに闘う同志でありたいと考えていることを訴えた。そのためにも自分の国籍問題を早く解決してほしいと要求した。

「国籍問題はそのうち解決できる。時間の問題だ」

何も答えていないに等しかった。英国紳士的官僚の世界では、はっきりと期限を示さない答えは、その場逃れのゼロ回答である。ビジネスの対価としての支払いについても、国籍の問題についても、ブリューウェットは何の回答も用意していなかった。

ハセインはホテルを出て、地下鉄ピカデリー・サーカス駅に向かった。

「彼らは俺を利用することしか考えていない。俺の持ってきたケーキを自分たちだけで分けようとしている。俺はケーキの配達人なのか」

警視庁への怒りは抑えがたかった。国籍についても、うまくごまかされているようだ。不安定なままロンドンに暮らすことになるかもしれないと思うと、頭の中で不安と憤りが交錯した。このまま自宅に帰る気にはなれなかった。

ピカデリー・サーカスを過ぎ、中華街からソーホー地区に。ここには古くからの友人、アリ・カシの経営するフランス料理店「バー・デュ・マルシェ」がある。

時計の針は午後一時を少し回ったばかりだった。ハセインは店に入って一番奥の席に腰掛けた。何も言わなくても赤ワインが出てきた。ロンドンに暮らして馴染《なじ》めないのがビール文化だった。英国人はいつもビールを飲む。何も食べずに、ひたすらビールを胃に流し込む。フランス文化圏に育ったハセインは今でも、この習慣に慣れない。ここの店員はハセインのこうした趣味を知っていて、いつも赤ワインを出してくれる。


バー・デュ・マルシェは今なお、ハセインが行きつけにしている店だ。私もたびたび、この店でハセインと待ち合わせた。店のオーナーのカシが顔を見せることも多かった。カシは学生時代からのハセインの友人である。

「レダがイスラム過激派を追っていることは知っていた。ただ、ジャーナリストとしてネタを追っていると思っていた。シークレット・サービス（諜報機関）のスパイをしているとは思わなかったな」

ハセインはカシにも本当の姿は明かしていなかった。

カシはハセインより二歳年長である。アルジェリア北西部オラン近郊に生まれたベルベル系住民だ。アルジェ大学在学中にハセインと知り合った。八六年にガールフレンドと南フランスに駆け落ちし、アルジェリアを離れた。三年後に旅行でロンドンを訪れ、この街が気に入った。パリやニースといったフランスの美しい街にも住んだが、カシが心底、好きになったのはロンドンだった。

「多様性が肌にあったね。外国人を包み込んでしまうような、おおらかなところが気に入った。パリやニースは素晴らしくきれいな街だ。ただ、アルジェリア人にとってフランスは難しい国だ。関係が近すぎるだけに、愛着も深いが、互いに憎しみのような感情もある。フランス人はアルジェリア人を二級市民と考えているからね」

カシはこうやってロンドンに住み着き、フランス料理店を開いた。九六年、ウィンズベリー地区を歩いていて偶然、ハセインを見かけた。ハセインがロンドンにやってきて二年後、カシがアルジェリアを飛び出して十年後だった。

「驚いたね。何でレダがロンドンにいるんだって。路上で抱き合ってね。興奮して、二日間ほど眠れなかったよ」

ハセインが警視庁とのやりとりに疲れて店にやって来たときのこともカシは記憶している。

「当時のレダは笑顔にも疲労がにじんでいた。アルジェリアでは多くの市民が殺されていた。アルジェリア人なら誰もが過激派を憎んでいた。レダもジャーナリストとして過激派と闘い、心を痛めているのだろうと思っていた」

二〇〇〇年にハセインが自身のスパイ活動を暴露したとき、カシは初めて、彼のやっていたことを知った。

「よくやったと思ったよ。レダが危険を冒してやっていたことは、アルジェリア市民の多くが、求めていたことだった。英国が野放しにしているテロリストたちを誰かが、監視しなければならなかった。レダにしかできないことだった」

カシは数年前に肝臓を壊し、酒はまったく飲めない。グラスでブドウ・ジュースを傾けながら、ハセインのスパイ活動を最大限評価した。しかし、当時のハセイン自身は警視庁との関係がうまく築けず、もんもんとした気持ちで日々を送っていた。

ハセインにはなすべき仕事がなかった。ミミとの夫婦関係はすっかり冷え込んでいた。正式に離婚するのは時間の問題だった。祖国アルジェリアの混乱は収まりつつあり、ブーテフリカ政権による国民和解が始まろうとしていた。警視庁は自分を必要としていないのかもしれない。自分には何ができるだろうと考えたとき、ハセインにはっきりした答えは浮かばなかった。しかも、英国籍取得のめどさえも立っていない。

警視庁からの連絡はなかった。ハセインは毎日、惰性でモスクに通い、アブ・ハムザたちの動きを観察した。何のために、こんなことをしているのかわからなくなってきた。フランスのジェロムとのやりとりを思いだすと、警視庁の冷たさに腹立ちが募った。

MI5と契約する

ウォルシュが久しぶりに電話してきたのは約三ヵ月後、一九九九年七月十三日だった。「ちょっといい話がある。明日、会いたい」と言い、ビクトリア駅を指定した。

国籍問題で進展があるのかもしれないとハセインは期待した。「いい話」といえば、ハセインには国籍問題しか浮かばなかった。翌日、ビクトリア駅に着くと、リチャードが待っていた。そのまま近くのホリデイ・インに入った。会合場所はいつものスィートルームではなく会議室だった。

中にはテーブルを囲むように、ウォルシュ、ブリューウェットのほかスーツ姿の男性が三人座っていた。全員、警視庁特別部の人間だった。ハセインがブリューウェットの前に座るやいなや一人の男が封筒と二枚の紙を差し出した。

差し出された紙に書かれた内容を読んで、ハセインは怒りで体が震えた。一枚は領収書だった。封筒の中身は三百ポンドの現金。ハセインは居並ぶ英国紳士を前に言った。

「スパイ活動六ヵ月の対価が三百ポンドか。余りにバカにしている。ロンドンで半年働いて三百ポンドって仕事があると思うか」

会議室の空気が重くなった。興奮しているのはハセインだけだった。こういうとき英国男性は実に紳士らしく振る舞う。とにかく興奮せずに憎らしいほど冷静さを維持する。それがハセインにはまた、腹立たしかった。

もう一枚には、こう書かれていた。

「私はこれまでの活動について今後一切、他言しないことを約束します」

ハセインがやや怒り疲れたのを見計らって、男の一人が冷静に言った。

「この二枚の書類にサインをいただきたい」

「バカを言うな。こんな書類にサインできるか」

ハセインはまた、怒りがこみ上げてきた。居並ぶ男たちに不満をぶつけ、話し疲れた。「いい話」とは何だったのかと思った。

タイミングを見てブリューウェットが切り出した。

「我々は今後、あなたに命令することはありません」

契約解除の通告だった。ハセインは冷静になろうとした。自分の国籍問題はどうなるのだろうか。ビザが切れた時点で英国を出なければならないのか。息子や娘はどうなるのだろう。そんな考えが頭をぐるぐる回り、とにかく冷静にならねばと思った。

するとブリューウェットが意外なことを言った。

「君をファイブに紹介することになった。悪い話ではないと思う」

「いい話」とはこのことだったのか。ハセインは自分だけが興奮し、いきり立っているのがバカらしく思えた。そして、考え直した。

「スパイ機関の中でも特別な存在であるファイブと一緒に仕事をするのも悪くない。もうしばらくスパイを続けられる。ファイブなら自分をこんなに安く買い叩くことはないだろう。国籍問題も何とかなるのではないか」

ＭＩ５は内務相の管理下にある。国籍問題では警視庁よりも影響力があるはずだ。ハセインは封筒の中身を確かめた。二十ポンド紙幣が十五枚入っていた。警視庁が使うのはいつも二十ポンド札だ。ハセインは目の前のペンを使って、走り書きのようなサインをしながら、こう考えていた。

「事務処理のためにこれが必要なのだろう。でも、覚えておけよ。組織に属さない人間にとって、こんな紙切れなんて何の意味もないことを」

署名した書類をハセインが突き出すと、相手はそれを丁寧に受け取った。出席している男たちの顔には、ひと仕事終えたような安堵の表情が浮かんでいた。


英国にはさまざまな諜報機関がある。国内外の電話盗聴やインターネット情報の傍受を担当する政府通信本部（ＧＣＨＱ）、安全保障に関する情報を集約する国防情報局（ＤＩＳ）、外国の機関や個人を対象にスパイ活動を行うＭＩ６、そして、国内の治安維持に責任を持つＭＩ５である。ＭＩ５は内務相の管理下で活動するが、組織としては内務省から独立している。

ＭＩ５の主な活動は、テロなどの脅威に関する情報を入手して分析し、英国社会にとって危険であると疑われる個人や組織を追跡調査する。警察などの治安執行機関が適切に対応できるよう、政府に助言するほか、テロ計画情報を収集して、容疑者を司法で裁くための証拠を集める。英国全土の警察と密接な関係を持っているが、ＭＩ５は純粋な文民組織であり、容疑者の身柄を拘束することはない。

九九年七月二十九日、ロンドン警視庁特別部のウォルシュから電話があった。警視庁に契約解除を通告されてからちょうど半月後だった。

翌日午前十一時四十五分、地下鉄グリーンパーク駅改札でウォルシュと待ち合わせ、いつものように無言のままホリデイ・インのスウィートルームに入った。時計の針はちょうど正午を指していた。

部屋では見知らぬ男が待っていた。MI5の幹部だった。「スティーブンだ」と名乗った後、すぐに同席しているスティーブン・ウォルシュとファースト・ネームが一緒であることに気づき、「サイモンと呼んでもらおう」と言った。諜報の世界では名前はあくまで、サッカー選手の背番号程度のものだった。紛らわしくなければ何でも構わない。

サイモンはスラックスにカジュアルなシャツを着ていた。いつも固苦しいスーツばかりの警視庁とはファッションまで違っていた。ハセインがソファに腰掛けると、サイモンは、

「君の名はケビンだ。今から、私があなたのリンクマン（連絡係）になる」

と言って、ポケットベルを手渡した。ポケットベルが鳴った場合、できるだけ早く表示された番号に電話を入れるよう、このカジュアルな英国人は強調した。当時、すでに携帯電話が普及し始めていた。ポケットベルとは随分、前時代的だとハセインは思った。MI5の予算の問題なのか。それとも彼らは、自分たちの方から連絡したいときに、連絡がとれれば十分と思っていたのかもしれない。

サイモンは国籍問題についても引き継ぎを受けており、迅速な処理を約束するや、写真を三枚とりだしテーブルの上に置いた。すべてアラブ人の顔写真だった。フランスのジェロムのときも同じようなテストを受けた。写真の枚数が違うだけだ。ジェロムの場合は五十枚以上だったのに対し、MI5は三枚だった。

「この中に知っている人間はいないか」

三人ともフィンズベリー・パーク・モスクの常連だった。ハセインはそれぞれの特徴や性格、アブ・ハムザとの関係の強弱についてそらんじた。

続いてサイモンは言った。

「カマール・エディン・カーバンという男を知っているか」

カーバンはアルジェリア空軍の元パイロットで、当時ロンドンを拠点にしている過激なイスラム主義者だった。アルジェリアの同胞ということでハセインはロンドンで何度か会っている。

「八〇年代、パキスタンに渡った。アフガニスタンに侵攻したソ連軍と戦うアラブのムジャヒディン（イスラム聖戦士）だった。パキスタンとアフガニスタンの国境で、世界各地からアフガニスタンを目指してやってくるイスラム教徒を手引きした。ソ連軍の撤退で内戦が起きると、どこかの派閥のカネを持って逃げた。今はまた、アフガニスタンに戻りアルカイダの戦闘員になっているはずだ」

ハセインはすらすらと説明した。フランスのジェロムに毎週、報告書を提出してきたこともあって、このころのハセインは過激なアルジェリア人については、ひいきにしているサッカー・チーム、アーセナルのこと以上に詳しい自信があった。

ハセインの開示した情報がＭＩ５の集めたカーバン関連情報と一致したようだ。サイモンは静かにうなずくと、次にラマダン・ズワブリという名を挙げた。

「この男と付き合ってほしい。自分の懐にやつを入れてもらいたい。彼がアパートを探していたら、それを手伝うんだ。困っていることがあったら、それを支援し、近づいてほしい」

指示は実に具体的だった。アルジェリアやフランスの諜報機関が、モスクで配布される冊子の入手を指示し、モスク内のイスラム主義者の動き、雰囲気を知りたがったのとは明らかに違っていた。MI5はターゲットを明確に示した。

ズワブリ兄弟はアルジェリアでは知られた兄弟だった。ラマダンの兄、アンタールはGIAの最高幹部の一人で、武闘派として知られていた。九七年にアルジェリアで起きたレイ（八月二十九日）、ベンタルハ（九月二十二日）の大量市民虐殺事件の首謀者と目される人物だった。アンタールは二〇〇二年、アルジェリア軍に殺害されている。

アルジェリア人ジャーナリストで、しかもフランス諜報機関のスパイとして活動してきたハセインが、その過激な兄弟を知らないはずはない。ただ、ラマダンはドイツにいるはずだった。彼がロンドンにいるなら、それに近づくのはスパイとしては当然だ。サイモンのようにくどくどと相手に近づく手法まで指示するのは、プロのサッカー選手に、「腕を使ってはいけない」と競技ルールを説いているようなものだとハセインは思った。

警視庁と違い、MI5は契約内容も具体的だった。契約期間は六ヵ月。一ヵ月の支払いは三百ポンド。その他に必要経費が月八十ポンド。領収書は不要。サイモンはこの契約内容を一方的に通告すると九月中旬に再度、連絡すると言った。

ハセインはこれを聞いたときをこう振り返る。

「月三百ポンドでどうやって生活しろというのか。ジェロムは週に四百ポンドを支払ってくれたから月に千六百ポンドになった。サラリーを五分の一に減らされて、『はいわかりました』とは言えない。しかし、抗議する余地もない、一方的通告だった」

この提示で早くもハセインはMI5への忠誠心を失った。ただ、ハセインはきっぱりとこの契約を断れない事情があった。国籍を申請していることだ。まず国籍を取得することを優先しようと思った。ハセインは不満ながらも、条件を飲んでMI5に協力姿勢を見せるしかなかった。

ピース一片のいきがり

ハセインはさっそく、ラマダン・ズワブリ探しにとりかかった。見つけるのに、さほど苦労はなかった。知人のムハンマド・セクームがズワブリをよく知っていた。ハセインがセクーム宅でお茶を飲んでいると、ズワブリがふと姿を現した。

ズワブリは英語がほとんど話せなかった。会話はもっぱら、アラビア語混じりのフランス語だった。ドイツから来たばかりで、「欧州は寒い」と文句ばかり言っていた。ハセインはズワブリのかかりつけ医師への登録を手伝い、住むところを世話した。

付き合ってみるとズワブリは、GIA内部で何が起きているのかについて多弁だった。ズワブリの話でハセインは、GIAの暗殺実行部隊とアブ・ハムザの関係がいかに強固になっているかを知った。アブ・ハムザはGIAに対し、ファトワ（宗教令）を出し、GIAはそれを実行していた。アブ・ハムザからGIAに直接、テロ指令が出ているとハセインは思った。

GIAテロ実行者（アンタール）の弟の証言である。アブ・ハムザとGIAのテロを結びつける証言になるとハセインは思った。きっとアブ・ハムザを追い込む材料になる。サイモンからの連絡を待っていられなかった。価値の高い情報だと思ったハセインは、警視庁のリチャードに連絡を入れ、早急にサイモンとの会合を設定してほしいと求めた。

会合は八月二十六日、ホテルで設定された。ハセインはズワブリの監視をスタートさせたことを明かし、アブ・ハムザとGIAの関係について説明した。

「アブ・ハムザはGIAにファトワを出している。GIAはそれに従いアルジェリア市民を殺害している。はっきりとした証言がある」

しかし、サイモンはさほどの関心を示さなかった。アブ・ハムザとGIAの関係なんてわかり切っているという態度だった。当時、英国とアルジェリアの関係はそれほど密ではなかった。実際、ロンドンのモスクからアルジェリアの過激派にテロ指令が出ていたところで、英国政府にできることはなかっただろう。

こちらから求めて緊急に設定した会合だった。何か相手の関心をひく情報を提供すべきとハセインは考えた。

「アルカイダが今、何か『大きな攻撃』を計画している。世界を揺るがすほど大きなことだ」

アルジェリアの諜報指揮官、ベンアリから聞いた話の受け売りだった。サイモンはこれについても何の反応も示さなかった。

ハセインはこの当時、MI5の気をひくため、さまざまな情報を提供している。MI5の側は、こうした情報にほとんど無関心だった。今となっては、イスラム過激派の公判廷での証拠などから当時、英国政府がかなり具体的に、アブ・ハムザらロンドンの過激派指導者と海外過激派とのやりとりを認知していたことがわかっている。

たとえば、ハセインがフィンズベリー・パーク・モスクで実際に聞いた、アブ・ハムザとイエメンの外国人観光客誘拐事件の実行グループとの電話でのやりとりを、英国政府通信本部（GCHQ）はキプロスに設置した電話盗聴器で傍受していた。MI5やMI6はGCHQ情報に、配下のスパイからの情報を照らし合わせて危険度を推《お》し量っていた。

GCHQがどの程度、電話やインターネット情報を入手しているかを知らないハセインが前のめり気味に、「最重要情報」として報告した内容の多くは、すでにMI5が知っていた可能性がある。

これが、政府の巨大諜報組織と一介のスパイの関係の現実だ。パズルの一片のピースに過ぎないスパイが、いきがってパズル全体に影響を与えようとしたところで、それは道化師的行為になってしまうのだ。

「大きな犯罪計画が進んでいるのに」

当時、フィンズベリー・パーク・モスクには連日、新顔の若者がやってきては偽造パスポートや渡航資金を受け取り、アフガニスタンの軍事訓練キャンプに出かけていった。

アブ・ハムザは若いイスラム教徒に繰り返し説いていた。

「アメリカ人を殺せ。イスラエル人を殺せ。そして、天国に行け」

「イスラムはジハードがすべてである。ジハードによって、我々はよき人間になり得るのだ」

「アッラー（神）のために正当な暴力を使ってこそ、天国の扉が開き、殉教者として天国に迎えられる」

「天国に行ったら、七十二人の処女が君たちのあらゆる願いをかなえてくれる」

ハセインは毎日、モスクに通ってこうした説教を聞いた。アブ・ハムザに向かって右側がハセインの定位置になった。アブ・ハムザは左目が義眼である。だから、彼の左側（向かって右側）では、自分の動きや表情が悟られにくいとハセインは思ったのだ。

アブ・ハムザは外の人間からすれば単なる狂信者だが、モスクの中では絶対的存在になっていた。話す相手によって、対応を柔軟に変える利口な面を持っていた。

普段、アブ・ハムザはモスク一階（日本では二階）の広間に座っている。パキスタン系の若い英国人と話す際、アブ・ハムザは英語を使い、アフガニスタンやパキスタンの状況を説明しながら関心をひく。アルジェリア系の若者と話すときは、アラビア語と英語を交えながら、アルジェリア人の好きな冗談をはさみ、コーヒーやミント・ティー、そしてアラブ人の好きなデーツ（ナツメヤシの実）を与える。

広間の隅に置かれた古いテレビで若者はしばしば、ビデオを見た。アフガニスタンやアルジェリアで亡くなったイスラム教徒の遺体を撮影したビデオだ。

「彼らは英雄である。殉教者である」

アブ・ハムザの言葉は、砂漠の砂に水をまくように、若者たちの飢えた心にしみ入った。戦闘参加を呼びかける彼の言葉は、若者たちの心の奥深くに沈殿した。何かの拍子にその沈殿物が発火したとき、若者たちが戦闘員になるのだ。

アブ・ハムザはすでに単なるイスラム説教師ではなくなっていた。明らかにテロの扇動者だった。ハセインはＭＩ５にモスクの若者が連日、アフガニスタンに向かっていることも報告した。アブ・ハムザがいかに危険な説教をしているか具体的に示したが、いつもサイモンは黙って聞いているだけだった。

一九九九年八月、サイモンは夏期休暇をとった。ハセインとの連絡は、マークと呼ばれる指揮官が担当することになった。自分の影にもおびえる警視庁のマークとは、もちろん別人だ。諜報指揮官はありきたりの名前ばかりで紛らわしかった。

ＭＩ５のマークはアブ・ハムザの危険性をまったく理解していなかった。ハセインが連絡しても常に面倒くさそうな態度だった。その冷たい態度からは、ハセインのやり方にうさん臭さを感じていることが伝わってきた。

九月になると、そのマークも夏期休暇に入った。ハセインは情報を報告する相手、リンクマンさえ失った。

「明日にでも『大きな攻撃』、世界を揺るがすような大きなことが起きるかもしれないのに、実にのんびりしたものだ」

とハセインは思った。

実際、九八年から九九年にかけては、MI5がそれまでの緊張感から解放され、史上最もリラックスした時期だった。九七年五月に首相に就任したトニー・ブレアは北アイルランド和平を積極的に進めた。同年七月に、数々のテロを実行したアイルランド共和軍（IRA）が停戦に合意し、九八年には英国政府とアイルランド政府が、北アイルランドを巡る包括的和平を結んだ。MI5にとって最大の追跡対象だったIRAは急速に危険度を下げていた。ハセインがMI5と仕事をしながら、緊張感の欠如を感じた裏には、こうした事情があった。

九九年九月末、ハセインはサイモンに会った。夏期休暇が明けてサイモンの肌はやや黒く焼けていた。精神的にリフレッシュした感じだった。ハセインはフィンズベリー・パーク・モスクがすでに危険な状態にあることを力説した。

「モスクでは偽造パスポートや盗んだクレジット・カードが売られている。取引はトイレで行われる。最近は頻繁に若者がトイレに出入りしている」

「盗んだクレジット・カードや偽造パスポートで電気やガスや電話のアカウントを作ることができる。それを持っていると銀行で偽の口座が開ける。資金洗浄は簡単だ」

ハセインは一つの具体的な例として、ハルーン・アスワットの行動を説明した。インド系英国人のイスラム教徒。その後、米国オレゴン州で同時多発テロの準備に加担していたことが判明する男だ。

「やつはアフガニスタンでウサマ・ビンラディンと会っている。モスクではアブ・ハムザのアドバイザーだ。米国への攻撃を積極的に呼びかけている。やつこそ英国の若いイスラム教徒を過激な戦闘員に変えて、アフガニスタンに送り込んでいる張本人だ」

サイモンは静かに聞いていた。そして、最後に、

「ありがとう。とても役立つ情報だ」

と言うとハセインに封筒を手渡した。活動費として三百八十ポンドが入っていた。ハセインはサイモンの反応から、MI5がほとんど関心を示していないと感じた。

「自分が危険を冒してとってきた情報に関心を示されないほど、スパイにとってつらいことはない。モスクの中は犯罪者の巣窟《そうくつ》になっていた。なのに、なぜ英国は手をこまねいているのか。大きな犯罪の計画が進んでいるのに、ファイブは何もする気がなかった。活動費を受け取るとき、俺はサラリーマン・スパイになった気がした。情報の質にかかわらず、月給がもらえるのだから。俺はスパイ活動をジハードと考えていたのに、連中はスパイをサラリーマンとして扱っていた」

MI5が何をやろうとしているのかわからないことに、ハセインはいらだちを感じた。何のためにモスク内の情報を集めようとしているのだろうと疑問が募った。ハセインはMI5と一緒に、イスラム過激派の計画、活動に一撃を加えたかった。なのに、MI5はいつも官僚的で、一緒に仕事をしている気がしなかった。

十月に入るとすぐ、MI5のサイモンの秘書から連絡があった。地下鉄ビクトリア駅で待っているとサイモンとリチャードがやってきて、ハセインを近くの喫茶店に案内した。サイモン側から特に用件はないようだった。MI5の諜報指揮官との会談には、例外なく警視庁のリチャードが同席した。英国ではMI5の任務は諜報活動に限られている。万が一、もめ事が発生してもMI5に

は、強制的にそれを収める権限がない。そのため警視庁の捜査員が同席するのだ。

アブ・ハムザらの動きを止めようとしないＭＩ５にいらだったハセインは、こう提案した。

「アフガニスタンの軍事訓練キャンプに行かせてもらえないか。偽造パスポートを作ってキャンプに潜入することも可能だ」

サイモンは言下に却下した。

「それは我々の仕事ではない」

「アフガニスタンに行けば、やつらの計画をもっと深く把握できる。大きなテロも止められるかもしれない」

「行くべきじゃない」

ハセインはこのころ、毎日のように若いイスラム教徒が戦闘員としてアフガニスタンの軍事訓練キャンプに行くのを目撃している。いずれ彼らが世界のどこかで西洋文明に対する攻撃を仕掛けると確信していた。今、行動しないとどんでもないことになる。なのに、なぜＭＩ５はもっと真剣にならないのだろう。モスクの中では攻撃の準備が着々と進んでいるのに、ＭＩ５の反応は他人事《ひとごと》のようだった。ハセインは不満気味にこうぶつけた。

「なぜ、アフガニスタンに向かう若者を止めないんだ。彼らの目的は唯一、人を殺害することなのに」

偽造パスポートや盗んだクレジット・カード使用など、逮捕容疑はいくらでもある。ハセインはその証拠を収集して提供する自信があった。

サイモンはきっぱりと言った。

「君の任務は、彼らの動きを把握して報告することだ。我々がどう動くかを決めるのは君の仕事じゃない」

サイモンの方もハセインのやり方にいらだちを感じ始めていたに違いない。ハセインが過激な戦闘員の動きを十分に追跡しないためではなく、むしろ対象を深追いし過ぎること、そして、任務を超えて指揮の領域にまで口を出してくることへの警戒だった。MI5はハセインが自分たちのコントロールを外れ始めていると感じていた。

若者を逮捕しない理由について、サイモンはこう説明した。

「英国には表現の自由がある。彼らが何を言おうと、それを止めることはできない。彼らが英国外で治安を乱す行為をしたところで、それを取り締まるのは我々の仕事ではない。私たちの任務は、英国内の犯罪を未然に防ぐことだ」

ハセインは落胆した。MI5は英国のことしか頭にないサラリーマン集団だと思った。軍事訓練を受けて過激な思想にまみれた若者が、いずれ英国を狙ってテロを仕掛けてくる可能性があることにまで、この官僚組織は思い至っていない。

ハセインはまた、自分の置かれた立場に限界も感じた。フリーの契約スパイである自分が巨大な官僚組織に影響を与えるなんてことは土台、無理なのかもしれない。彼らにとって自分は使い捨ての駒、パズルのピースでしかないのだ。

ハセインはラマダンに入る十二月九日を前に、サイモンに連絡をとり、早めに報酬をもらいたいと伝えた。イスラム教徒はラマダンを特別な月と考え、さまざまなパーティーや祝い事をする。その前に現金を手にしたかった。

サイモンは待ち合わせの場所と時間を指定した。ラマダン入り前日の午後三時半、地下鉄ウォーレン・ストリート駅で待っているとサイモンが現れた。サイモンはハセインを目の端でとらえるとすぐに公衆電話ボックスに入った。サイモンが出たあと、ハセインはすぐにそのボックスに入り、電話機の上のたばこの箱を確認した。七百六十ポンドが入っていた。二十ポンド紙幣で三十八枚。二ヵ月分の給与と必要経費だった。MI5は領収書を要求しない。結局、会話はなかった。今、二人の間にあるのは報酬のやりとりだけだった。

ハセインはいつしか、生活費を稼ぐことと、国籍取得で便宜を図ってもらうためにスパイを続けているような気がしてきた。

MI5は、「大きな攻撃」に何の注意も払わないまま時間だけが経過していった。

第五章 地上の人に

市民権証明書を受け取るレダ・ハセイン(左)。

ＭＩ５との対立

西暦二〇〇〇年が明けた。

一月十九日、レダ・ハセインはＭＩ５から連絡を受け、午後二時にハイド・パーク近くのホテルでサイモンに会った。形式的な新年のあいさつを済ませるとサイモンは、アブ・カタダの監視を強めるよう命じた。アブ・ハムザよりもアブ・カタダの危険が高まっているとサイモンは説明した。

この指示にハセインは不信を抱く。アブ・ハムザに比べれば、アブ・カタダの危険性は低かった。思想の危険性では似たり寄ったりだが、若者への影響力という点で、アブ・ハムザこそ警戒すべき人間だった。

元グアンタナモ収容者で二人の説教を聞いたことのあるモアザム・ベッグも、

「アブ・カタダの思想は、アブ・ハムザに比べ複雑で理解しにくかった。若者を引きつけるのはアブ・ハムザの方だった」

と語っている。

アブ・ハムザは英語とアラビア語の両方で説教するため、パキスタンやアフリカ系のイスラム教徒らの心も動かしている。一方、アブ・カタダは英語を話さないため、影響の範囲もアラブ系住民に限られた。ＭＩ５がなぜ、監視をアブ・カタダに集中させるのかハセインには理解できなかった。これまでもアブ・ハムザの危険性を報告してきたつもりだった。

偽造パスポートを作り、盗んだクレジット・カードを集め、何百人という若者をテロリストとして送り出している。アルジェリアの武装イスラム集団（GIA）にテロを指示し、イエメンでは誘拐を支援している。本来ならすぐに、身柄を拘束すべきなのに、むしろ監視を緩めるという。ハセインは疑いを深めた。

「ファイブ（MI5）はアブ・ハムザと取引をしているのではないか。アブ・ハムザは英語が話せるため、ファイブは直接、やりとりできる。アブ・カタダとは直接、交渉できないから、アブ・カタダの監視が必要なのではないか」

ハセインはアブ・ハムザとMI5が水面下でつながっていると想定してみた。すると、MI5の行動がきれいに理解できた。アブ・ハムザとMI5がつながっていた場合、自分はどうなるのだろうか。MI5は自分の側ではなく、ひょっとすると向こう側にいるのかもしれない。

その後、サイモンから再び連絡があった。地下鉄ビクトリア駅近くで会い、そのまま近くのホテルに入った。警視庁のリチャードが一緒だった。安物のサーモン・サンドとコーヒーで昼食をとった。

サイモンはしばらく連絡できなかったことを謝ったあと、

「君の国籍問題は片付きそうだ」

と言って昇給を提示した。前回の契約日が七月三十日だった。間もなく半年の契約が終了する。

「契約を延長する。給与は二〇％アップ、そして六ヵ月後にまた昇給がある」

ハセインはMI5からの条件にすっかり関心を失っていた。MI5がアブ・ハムザと裏取引をしているなら、深入りすることはむしろ危険だと思い始めていた。

このころになると、アルジェリアのテロはほぼ終息していた。ハセインがスパイとなった当初、胸に抱いた、「アルジェリアのテロを止めたい」という大志はすっかり小さくなった。目的を失い漠然とスパイを続けるハセインの関心は、MI5とアブ・ハムザの関係に移っていった。

こうしてMI5への不信が膨らみつつあったころ、ハセインはアブ・イブラヒムと呼ばれる過激なアルジェリア人への対応を巡り、MI5と決定的に対立する。

ある日、アルジェリア大使館のベンアリから、「アブ・イブラヒムの居所がわかった」と連絡を受けた。ハセインは以前、アフガニスタンやイエメンでテロに関わった可能性のある人間としてアブ・イブラヒムの名前を聞いていた。その男が英国第二の都市バーミンガムにいることがわかったという。

アブ・イブラヒムは偽名である。アルジェリア人だがサウジアラビアの偽造パスポートで一九九九年夏、英国に入っている。入国に際しては妻二人、子供十五人、そしてアルジェリア人のアフガニスタン帰還兵四人も一緒だった。

アルジェリア諜報機関が集めた情報では、アブ・イブラヒムは八〇年代、ムジャヒディン（イスラム聖戦士）としてアフガニスタンに渡り、ソ連軍と戦った。ソ連軍が撤退したあともアフガニスタンに残り、エジプト出身のアイマン・ザワヒリと知り合った。ザワヒリはウサマ・ビンラディン亡き後、アルカイダを率いることになった男だ。

アブ・イブラヒムはアフガニスタンからパキスタンを経て九三年、イエメンに移ったとされる。

各地で数々の対米テロに関与した疑いが持たれていた。

ベンアリから連絡を受け、ハセインはすぐに追跡、監視する対象だと思った。ハセインはＭＩ５に連絡し、バーミンガムのモスクに潜入するので電車代を出してほしいと告げた。しかし、ＭＩ５の回答は素っ気なかった。

「その必要はない。これまで通り、ロンドンで過激派の内偵を続けろ」

ハセインは何としてもアブ・イブラヒムを追ってみたかった。ベンアリから、せっかくもらった情報だった。このまま放っておく手はない。

ハセインはスパイの禁じ手を使う。この話をサンデータイムズ紙のデビッド・レパードに持ち込んだのだ。

「過激なイスラム教徒がバーミンガムにいる。興味はないか」

レパードの返事は早かった。

「カネは出す。やってほしい」

英国政府からのしっぺ返し

アルジェリア諜報機関は、アブ・イブラヒムと英国諜報機関の関係を疑っていた。ハセインがベンアリから聞かされた話は次のようなものだった。

英国の対外諜報機関ＭＩ６がパキスタンやイエメンで、アブ・イブラヒムを協力者として使っていた。そして、アブ・イブラヒムが英国内に入った今、MI5がそれを引き継ぎ、保護している。アブ・イブラヒムはアルジェリア生まれのアフガニスタン帰還兵四人と一緒にロンドンに入っている。ウサマ・ビンラディンとも関係が疑われる過激なイスラム主義者が五人も同時にロンドン・ガトウィック空港に着いている。しかも、全員が偽造パスポートを所持している。それなのに、英国政府は亡命者として彼らの生活を保障している。MI5やMI6が故意に過激派の入国を許し、滞在させているとしか考えられない。MI5はアブ・イブラヒムを保護する代わりに、ムジャヒディンに関する情報をもらっている。

ベンアリの分析を聞いたハセインはこう思った。

「英国はアルカイダなど国際テロ組織の力を読み違えている。過激派に英国内で安全な暮らしを保障してやる限り、やつらが国内でテロをすることはないというのは、あまりに楽観的だ。やつらをのさばらせると、いずれ大きな傷を負う。過激なイスラム主義の恐ろしさはすぐに国境を越えて拡散するところにある。一国だけが安全なんてことはあり得ない。アイルランド共和軍（IRA）など従来の民族問題にはない怖さがあることを、MI5やMI6は理解していない」

二〇〇〇年二月四日の金曜日、ハセインはロンドン・ユーストン駅からバーミンガムに向かった。MI5との契約を更新し報酬を受けながら、「ロンドンで監視を続けろ」という命令を無視して、メディアの資金でバーミンガムに内偵に行った。MI5はハセインを、「使いにくいスパイ」と考えたはずだ。

ＭＩ５からの答えはすぐに出た。バーミンガム行きからしばらくしたとき、ハセインは国籍問題で英国政府から手痛いしっぺ返しを受けたのだ。

三月十三日。週明け月曜日の早朝、ハセインは弁護士から電話を受けた。国籍取得で問題が生じているという。ハセインはすぐにロンドン・ブリッジ駅近くの弁護士事務所を訪ねた。弁護士から見せられた書類には、こう記してあった。

「四年間の滞在を許可する」

国籍は取得できないという通達だった。当時の英国では五年以上、英国に滞在した者は一定の条件をクリアすれば永住権や市民権（国籍）を申請でき、犯歴などがない場合、多くがそれを取得していた。ハセインがロンドンに来てから、約五年半になっていた。しかも、ハセインは英国のために活動してきたという自負もあった。十分に国籍取得の権利があるはずなのに、英国が認めたのは四年間の滞在許可（ビザ）だった。四年後にまた、審査を受ける必要がある。

命令を無視したことに対するＭＩ５の答えがこれだと思った。「命令に従わないなら国籍は与えない」。ＭＩ５は報復したのだ。偽造パスポートを持ち、外国でテロを実行している疑いのある連中が亡命を認められ、英国に保護されている。テロを扇動し、イエメンの外国人誘拐事件との関与が疑われるアブ・ハムザが英国籍を取得している。なぜ、英国政府のために活動している自分がびくびくしながら暮らさねばならないのか。

この国籍問題でハセインは、はっきりとＭＩ５を敵と考えるようになった。ＭＩ５や警視庁に協力すれば、亡命認定や国籍取得で有利になると考えた自分が甘かった。ＭＩ５や警視庁は慈善団体ではなかった。

ハセインは弁護士事務所を出てロンドンの雑踏を歩いた。暦の上では春なのに、冷たい風が肌をなでた。次の対応を考えねばならない。月三百ポンド程度のカネで、MI5の軍門に降《くだ》る気はなかった。ハセインは一人でも闘い抜いてやろうと決意した。何とか、MI5にカウンター・パンチを食らわせたかった。ハセインは、英大衆紙デイリーミラーにアブ・イブラヒムの話を流し、四千ポンドを受け取った。

本来、これはレパードに流すはずの情報だった。バーミンガムまでの電車代はサンデータイムズ紙が支払っていた。しかし、サンデータイムズは最終的に、アブ・イブラヒムにさほどの関心を示さなかった。英国内で妻二人と暮らしている点などは、むしろタブロイド紙の喜ぶネタだった。

しかも、すでに大衆紙のデイリーメールとサンが〇〇年二月、「危険人物が英国に入国」と、アブ・イブラヒムについて報じていた。高級紙サンデータイムズにしてみれば、大衆紙が書いた話を後追いすることはプライドが許さなかったのだろう。一方、同じ大衆紙二紙に抜かれたデイリーミラー紙は焦っていた。ハセインが情報提供を申し入れるとすぐに乗ってきた。

デイリーミラー紙は四月四日、ハセインから買った情報を基に、フロントページで大きくアブ・イブラヒムの記事を載せた。

「テロリスト」との大見出しが躍り、二人の妻と十五人の子供を持ったアルジェリアのテロリストに対し、英国は週六百十七ポンドの亡命者支援金を支払っていると伝えていた。アブ・イブラヒムへの批判よりも、それを許す治安・諜報機関への非難トーンの強い記事だった。まさにMI5への宣戦布告とも言える内容だった。ハセインは言う。

「ＭＩ５から十分な報酬を期待することはできない。国籍問題でも『近く解決する』と繰り返すばかりで何もしてくれない。だったら自分の知っている情報で資金稼ぎするしかない。ＭＩ５に報復したんだ」

ハセインはサイモンに、自分が情報提供者だと認め、情報をカネに替えたと説明した。

サイモンはうっすらと笑みを浮かべながら聞いてきた。

「いくらもらったんだ」

サイモンの表情から、情報をカネに替えるあさましいやつとの思いが伝わってきた。

ハセインは言った。

「あなたたちが支払う一年分にもなったよ」

ＭＩ５から仕掛けられた罠？

メディアに情報を流して報酬を得ることを覚えたハセインはそれ以降、たびたびイスラム過激派に関する情報を英国メディアに売るようになる。そこに、「祖国のテロを止める」といった崇高な理念はなく、あるのはカネと情報を交換するビジネス感覚だった。ハセインは英国の「チェック（小切手）・ジャーナリズム」に飲み込まれた。

もちろんＭＩ５との関係は難しくなった。ただ、ハセイン側からＭＩ５との関係を完全に切る気はなかった。この期《ご》に及んでなおもハセインには、国籍問題で何とか有利な取り計らいをしてもらえるのではないかという現金な考えがあった。不信感を持ちながらも、ハセインはＭＩ５が興味を持ちそうな情報をせっせと報告していた。

そんなとき、一つの情報を入手する。ウサマ・ビンラディンの右腕ともされるアブ・ワリッドが四月二十一日の金曜日、アブ・カタダのモスクで特別に演説を行い、その後アフガニスタンに飛ぶという情報だった。この話を向けると、サイモンは礼拝に参加してアブ・ワリッドの演説を聞くようハセインに命じた。そこに罠が仕掛けられているとはハセインは知るよしもなかった。

ハセインはその日、いつもより早く目を覚ました。地下鉄を利用しアブ・カタダが金曜礼拝で説教するモスクに着いた。ここは金曜以外、スポーツジムとして利用されている。靴を脱いで中に入った。普段の金曜よりやや混雑していた。礼拝所の中程まで進み、あぐらをかいた。アブ・ワリッドの姿を確認した。やっぱりやつが来ていた。

アブ・ワリッドは一九六七年、サウジアラビア生まれ。幼少のころからイスラム主義思想を身につけ、十六歳でソ連軍と戦うためアフガニスタンに入った。その後、ウサマ・ビンラディンに師事し、ボスニアやチェチェンで戦闘に加わった。二〇〇〇年当時、アフガニスタンとロンドンをたびたび行き来し、アルカイダとロンドニスタンを結ぶ連絡役を果たしていた。〇四年、チェチェンで殺害されたと言われている。

モスクではアブ・カタダがスピーチを始めた。アラビア語の説教だった。英国人、米国人、そしてユダヤ人への敵意を駆り立てる説教内容は相も変わらなかったが、モスク内の様子が普段と違っているのをハセインは感じとった。一人の男と目が合った。アルジェリア人のアッタール・ムハンマドだった。このアルジェリア人は短気で凶暴なことで知られ、アルジェリアで市民四人を殺害したとして治安当局から指名手配されている。

ハセインの頭の中は混乱した。なぜ、ムハンマドがこのモスクにいるのか。アブ・ハムザの警備担当としてフィンズベリー・パーク・モスクにいるはずの男が、どうしてこっちの礼拝に来ているのか。アブ・ハムザはGIA、アブ・カタダは「布教と聖戦のためのサラフ主義者集団（GSPC）」。過激なイスラム指導者という点は共通しているが、両者の関係は決して良くない。なのに、なぜ、ムハンマドがアブ・カタダの方に姿を見せているのだ。

ハセインは見るともなくムハンマドを見た。彼の方はハセインをにらみつけていた。説教の合間にもかかわらず、立ち上がってアブ・カタダの耳元で何かささやいた。そして、今度はアブ・カタダがハセインに視線を向けた。

ハセインは言う。

「瞬間的に行動を決めなければならないときがある。アッタールの目からは、俺に対する敵意が伝わってきた。アブ・カタダの説教の途中にここを出るか。それとも、礼拝が終わってから逃げ出すか。礼拝が終わったとき、周りに紛れるようにして逃げようと思った。でも、この決断は間違っていた。逃げるべきときには、素早く去らねばならない。俺が学んだスパイの教訓だった」

礼拝が終わった。アブ・ワリッドは結局、演説しなかった。ハセインはすぐに、逃げ出した。人の波をかき分け玄関まで行った。靴をはこうと前屈みになったところで、追いつかれた。突然、ムハンマドの回し蹴りがハセインの顔面を捉えた。ぐらっときたところ、頭にひじ打ちを食らい、腹を蹴られた。口から鼻にかけ、血のにおいが広がった。

ハセインは靴を持ったまま転げるように外に出ると、裸足のまま走った。しばらく走って息が上がったところで、後ろを振り向いた。追い掛けてくる者はなかった。

「モスクでは必ず靴を脱ぐ。だから俺は助かった。もしやつが重い靴でも履いていたら、俺の顔の骨はこなごなになっていただろう」

ハセインは命の危険を感じた。自分がスパイであることがばれたようだ。なぜだろう。恐怖心とともに、ハセインの頭には次々と疑問が浮かんだ。

悲しいことに、ハセインが頼れるのは警視庁とＭＩ５しかなかった。どれだけ不信感や不満を抱いていても、法治国家にあって、自身の保護を期待できるのは国家機関以外にはないのだ。ハセインは公衆電話からサイモンに電話した。

「アブ・ハムザのモスクにいるはずの人間がアブ・カタダの方にいた。そして、襲われた」

「それで、どうした？」

サイモンは冷静だった。

「逃げてきた。顔と頭をやられた。やつらが俺を狙っているのは確かだ。これから警察に行く」

ハセインは警察に保護を求めようと思った。しかし、サイモンの返事は冷たかった。

「警察には行くな。襲われたことも口外するな」

「バカなことを言うな。やつらがどんな人間か知っているだろう。人を殺せば天国に行けると思っている人間なんだ」

「とにかくすぐに自宅に帰れ。また、連絡する」


ハセインはサイモンの指示に従った。地下鉄で自宅まで帰って、考えた。何が起こったんだ。なぜなんだ。鏡を見ると顔は試合に敗れたボクサーのようだった。地下鉄の乗客がじろじろこっちを見ていた理由がわかった。

その日午後五時ごろ、警視庁のリチャードから電話があり、レストランで会う約束をした。英国の諜報機関にしてはレストランで会うとは珍しいと思った。ハセインはすぐにシャワーを浴び、氷で顔をひやした。腫《は》れが引かなければ、外に出られそうもない。

七時にビクトリア駅近くにあるホテル内のレストランに入った。すでにリチャードは同僚の若い女性と一緒だった。彼女はメアリーと名乗った。三人でワインを飲んだ。

「このとき俺は気づいた。ファイブは俺の気持ちを落ち着かせるため、レストランを予約し、警視庁の若い女性を差し向けた。随分、古風なやり方だった」

自然、三人の会話はハセインを襲ったムハンマドのことになる。

「危ない男だ。俺を襲撃した件で逮捕できるはずだ」

ハセインの訴えをリチャードとメアリーは興味深そうに聞いている。哀れんではいても、警視庁の人間として、この件に切り込む意欲は感じられない。しびれを切らしたハセインは強い口調で言った。

「逮捕しないなら、正式に警視庁に被害届を出すぞ」

リチャードが口を開いた。

「それはあなたのためにならない。正式な被害届を受ければ警視庁はその男を逮捕するでしょう。あなたからも聴取する。あなたはスパイとして地下活動できなくなる。それは私たちにも、あなたにも得策ではない。この問題は私たちで処理させてほしい」

ハセインが警視庁に被害届を出すと、それを受け付けるのは一般暴力を扱う部署になる。ハセインとMI5の関係を一般の捜査部門に探られることを、テロを担当する特別部のリチャードは警戒したのかもしれない。

ハセインはこう感じた。

「何でこの連中は、やつを逮捕できると思わないのか。完全な被害証言がとれるのに。なぜ、警視庁はこれを事件にする気がないのだろう」

リチャードとメアリーにこの日、自分の身に起きたことを順序立てて話しているうち、ハセインの考えは一つの結論に収斂《しゅうれん》していった。俺はMI5に売られたのだろうか。殴られたと言っているのに、「警察に行くな」の指示はおかしい。むしろ、「警察に相談しろ」と命じられてもいいはずだ。

ハセインは当時、自分とMI5との関係が悪化していたことを思い出した。アフガニスタンの軍事訓練キャンプへの潜入を提案して、「必要ない」と言われ、バーミンガムでの調査を申し出て断られた。ＭＩ５は自分を危険人物と感じ始めていた。さらに、ハセインはメディアに情報を売って英国政府を批判した。ハセインはこの時点でもまだ、のんきにＭＩ５との仕事が可能と思っていたが、ＭＩ５はすでに、違う結論を下していたのかもしれない。

英国治安・諜報機関の認識の甘さ

襲撃事件から数日後、ハセインはアルジェリア大使館のベンアリに連絡をとった。なぜ、自分が襲われたのかを諜報の専門家の目で分析してもらいたかった。

話を聞き終えたベンアリは言った。

「ファイブだ。間違いない」

ハセインがあの日、アブ・カタダのモスクに行くことを知っていたのはＭＩ５と警視庁だけだ。ベンアリは、最近のハセインの行動がＭＩ５にとってやっかいなものになっていたはずだと説明した。こういう場合、諜報機関はどう行動するか。自分たちで直接、手を下すことはない。協力者を消すときには別の協力者を使う。これは諜報の世界の常識だ。ムハンマドはＭＩ５、警視庁の協力者なのかもしれない。もしくは、ＭＩ５が別の誰か、たとえばアブ・ハムザのような男を使って、ムハンマドを動かした可能性もある。

ハセインはアルジェリア、フランス両諜報機関が繰り返し言っていた言葉を改めて思い出した。

「英国で治安や諜報を担当する連中は、自分たちがテロの標的にならない限り動かない」

英国の治安・諜報機関はイスラム主義者とでも、うまく付き合えると考えていた。英国は中東や南アジアのイスラム地域を植民地として支配した経験があり、イスラム社会と共生することに自信を持っていた。

一九九〇年代になって英国内で勢力を増したイスラム過激派は、それまでの常識では対処できないテロ組織だった。冷戦時代の共産主義に影響された組織でも、ＩＲＡのように民族主義的な抵抗運動でもなかった。

長引くパレスチナ紛争やソ連軍のアフガニスタン侵攻、湾岸危機をきっかけとするサウジアラビアへの米軍駐留によって、いかにイスラム過激派が西洋を敵視するようになっていたか、そして、それがどの程度、危険度を高めていたかについて英国の治安・諜報機関は十分に認識していなかった。ハセインはこうした英国の甘さこそが、二十一世紀に荒れ狂うイスラムのテロを止められなかった要因の一つになったと考えている。

イスラム主義に対し英国の治安・諜報機関の対応は後手に回った。その背景について本来なら、ＭＩ５やロンドン警視庁、内務省の幹部から話を聞く必要がある。私は警視庁と内務省に繰り返し取材を申し込んだ。ＭＩ５はメディアの取材窓口を持っていないため、内務省がメディアに対応している。

警視庁からは二〇一四年十二月三日、

「申し訳ないが、貴兄のインタビュー申請を拒否し、下記の通りコメントする」

として次のようなコメントが届いた。

「警視庁対テロ班は法律に従いテロリズムに対応し、常にあらゆる犯罪を捜査し、長期にわたって数多くのテロリストを起訴するのに成功した。二十年以上にわたり、数々の新たなテロ対策法が制定され、我々はその法律に従っている」

木で鼻をくくったコメントだった。「法律に従って対応してきた」と、当たり前のことを主張しているに過ぎない。インタビューを拒否せざるを得ないはずである。直接取材なら、こんなコメントで済むはずもないことぐらい、警視庁はわかったはずだ。

さらに、がっかりさせられたのは内務省の対応だった。クリスマスイブの十二月二十四日付で内務省広報室から届いた手紙にはこうあった。

「貴兄の手紙とインタビュー申請について感謝します。あいにく、我々はそれ（インタビュー）には応じられません。貴兄に素晴らしい未来が訪れることを願っています」

ため息が出るほどのお役所的対応だった。ハセインが苦しんだのも、誰も責任を取ろうとしないこうした組織の体質だったのだろう。

それでも私は、英国の治安・諜報機関がイスラム過激派の脅威を見誤った理由を知りたかった。MI5の歴史に詳しい英国ケンブリッジ大学教授（歴史学）、クリストファー・アンドリューの著書から、MI5のイスラム主義者対策について読み解くことにした。

アンドリューはMI5関連の公式文書を丹念に調べ、『国土防衛　公式MI5史』を著した歴史学者である。この本は、MI5の創設以来の歴史を余すところなく描いた学術書だ。九〇年代のイスラム過激派対策についいては、最後辺りの「聖なるテロ」と題した章で言及している。

アンドリューによると、九〇年代に勢力を拡大しつつあったイスラム過激派について、英国諜報機関の幹部は、さほど大きな脅威ではないという認識を持っていたという。九五年十二月に作成された諜報機関の公式文書には、こうした記述があるという。

「西洋に対するイスラム過激派ネットワークによる世界規模の攻撃が始まったとメディアは提起しているが、これはかなり誇張されている」

英国諜報機関は九五年時点でイスラム過激派はさほどの脅威ではなく、「メディアの騒ぎ過ぎ」との認識を持っていたのだ。イスラム過激派の脅威を骨身にしみるほど知っている現代の私たちがこれを読むと、あまりの認識の甘さに愕然《がくぜん》とする。しかし、九〇年代半ばの諜報機関のイスラム過激派に対する認識は、この程度だったのだ。

アンドリューによると、英国諜報機関は何もイスラム関連組織を無視していたわけではない。九〇年代、英国政府は主たる国家テロ組織としてイラン情報省（ＭＯＩＳ）を想定していた。実際、八九年から九七年までに欧州では少なくとも十七人のクルド系イラン反体制派メンバーがＭＯＩＳによって暗殺されている。英国のＭＩ５やＭＩ６はイランによる国家テロを常に警戒してきた。特に英国人作家、サルマン・ラシュディが八八年に『悪魔の詩』を書いたことをきっかけに、当時のイラン最高指導者、ホメイニ師から死刑を宣告されて以来、ＭＯＩＳの動きに最大限の注意を払っていた。

ＭＩ５は新たなイスラム主義運動にも無警戒だったわけではない。九五年にイスラムの脅威に対応する新たな部署も設置している。これは、主にアルジェリアのＧＩＡに対応するためだった。

しかし、アンドリューの結論はこうだった。

「結果的に見ると、英国の諜報機関は英国の内外で、過激な武装イスラム教徒への対応に失敗した」

増殖するイスラム過激派の力を英国諜報機関は読み違えていた。国境の壁は低くなり、情報やモノ、カネは瞬時に世界を駆け巡る時代だった。アフガニスタンやイエメンなど、ロンドンから数千キロも離れたところの治安悪化が、津波のように英国に達するとは英国の諜報機関は想像していなかった。時代感覚が欠如していた。英国政府が過激なイスラム主義者の危険に気づくのは、国民の血の犠牲という大きな代償を払った後だった。

地下から地上へ

モスクで殴られたレダ・ハセインは、フィンズベリー・パーク・モスクはもちろん、その周辺にも近づけなくなった。暴力的なイスラム主義者に狙われた。しかも、警視庁やＭＩ５からの保護も期待できない。自宅にこもって身の処し方について考えた。

時間はゆっくりと過ぎた。警視庁やＭＩ５からは何の連絡もなかった。自分のスパイ活動が終わったことは疑いようがなかった。

ただ、サイモンたちがあざ笑っていると思うと、怖がってばかりいられないという気持ちになった。ＭＩ５への憤りが恐怖心を超越したのかもしれない。どうせ人間、一度は死ぬのだ。殺されるにしても、ＭＩ５とテロリスト双方に報復してからだと思った。

ハセインは少し気を落ち着けようと八月末、アルジェに帰った。祖国の夏は六年ぶりだった。亡命申請を取り下げていたので、アルジェリアのパスポートで帰国することが可能だった。

太陽のまぶしさは変わらなかった。

街の雰囲気は六年前に比べ、明るくなっていた。テロは激減していた。街に立つ兵士の数も以前ほど多くなかった。住民の顔には笑顔が戻りつつあった。ハセインは実家に帰り、家族と一緒に静かな時間を過ごした。両親には自分がスパイになっていたことは話さなかった。

旅に出たいと思った。アルジェからチュニスへ。そして、九月にいったんロンドンに帰り、そこからパリ、ブリュッセルと友人を訪ねた。モスクに出かけることもなく、金曜の集団礼拝にも参加しなかった。スパイとして過ごした時間が遠い昔のことのように思えた。冷静になると、この六年という時間が自分のものではなかったように感じた。イスラム主義者と諜報機関に振り回された時間だった。

英国政府の保護が期待できない中、どうやって自分を守り、ＭＩ５と闘うべきだろうか。ハセインが出した答えはジャーナリズムを利用することだった。諜報機関とイスラム過激派の両方を敵に回した自分が生き延びるには、メディアに身をさらして世論を味方に付けるしかない。最後に頼れるのは世論だとハセインは思った。

幸いにも英国には成熟したジャーナリズムがある。権力から独立したメディアがある。正義感の強いジャーナリストがいる。ジャーナリストの力を借りれば個人でも巨大組織相手に渡り合えるかもしれない。ブリュッセルから英国に戻ったハセインは活動拠点を地下から地上に移す決心を固めていた。

ハセインは九月の終わり、ロンドン塔近くの会員制レストランでサンデータイムズ紙のデビッド・レパードに会った。テムズ川沿いの高級レストランの棚には、一本百ポンド以上するワインがずらりと並んでいた。レパードもこれから、ハセインが語り出すであろう話に興奮していたに違いない。

ハセインはレパードを前に自分が、アルジェリア、フランス、英国の課報機関でスパイとして動いてきたことを明かし、その経緯や各諜報機関から受けた扱いについて話した。フランスや英国に国籍を求めたが結局、それが叶えられなかったことも説明した。

レパードはこう提案してきた。

「まず、フランス諜報機関で働いたことを報じる。スコットランド・ヤード（ロンドン警視庁）、ファイブとの関係は、その後にしよう」

二人は条件についても詰めた。サンデータイムズはこの件を大きく報道する。そして、協力費としてハセインに数千ポンドを支払う。ただ、レパードは言った。

「君がフランス諜報機関のスパイとして活動していたことの確証がほしい。君がフランス諜報機関の人間と繰り返し会っていたことを証明するものはないか」

ハセインはレパードを、かつてジェロムとの会合に使ったレストランへ案内した。バッキンガム宮殿からも近いナイツブリッジのフランス料理店だった。

店に入ったハセインとレパードが席に着くと、顔見知りのウェイターがやってきた。ウェイターは懐かしそうな笑顔を見せてハセインに言った。

「久しぶりですね。いつもの友だちはどうしたのですか。急に見えなくなったので、何か不快な思いでもさせたのかと思っていました」

うまい具合にウェイターはジェロムのことを話題にした。レパードが割って入った。

「その友人というのはどんな人でしたか」

「典型的なフランス人でした。いつもきちんと髪を整え、まるでスパイのように見えましたね」

ウェイターは笑いながら答えた。レパードはハセインに言った。

「これはスクープになる。さっそくとりかかろう」

記事掲載、そしてMI5との別れ

レパードの記事は十月八日の日曜日に掲載されることになった。前日朝、ハセインはサンデータイムズ社で掲載予定の原稿に目を通し、細部をチェックした。MI5について触れていないのが気になったが、レパードはスクープを二回に分けて書くつもりのようだった。ジェロムの立場を考えれば、フランスとのやりとりだけを先に書くことに複雑な思いもした。ジェロムはハセインが最も親しみを感じた諜報指揮官だった。

ハセインが記事の最終ゲラに目を通し、すべての内容を了承したとき、レパードが言った。

「ベルギーに行って、しばらくゆっくりしてくれないか」

すでにブリュッセルのシェラトン・ホテルを予約しているという。この記事が出るとライバル紙オブザーバーがハセインに接触してくるだろう。レパードはそれを防ぐために、自分をロンドンから遠ざけたいようだとハセインは思った。ブリテン島と大陸を結ぶ電車ユーロスターがハセインをブリュッセルまで運んだ。

サンデータイムズ一面の見出しは、「フランスの（諜報）機関が英国で汚い作戦」。中身は、ハセインが家族とともに英国に渡ったあと、フランス諜報機関に情報を提供し、その見返りに計七千ポンドを受け取ったことを伝えている。そして、フランスはスパイ活動の対価としてハセインに国籍を与えると約束したにもかかわらず、それを反故《ほご》にしたと報じている。「フランスにだまされた」というハセインの実名コメントが記事の信頼度を高めている。

記事では、フランス政府が国籍を約束したことになっているが、これは書き過ぎである。フランス政府が国籍について確約したことはなかった。また、ハセインはこの時点で、MI5への怒りを膨らませていたが、記事から伝わってくるのはフランス政府への敵意だった。

そして、中面（九ページ目）はより具体的に報じている。内容をまとめると次のようになる。

ハセインがフランス対外治安総局（DGSE）のジェロムという名（コードネーム）の指揮官と頻繁にレストランで会い、そのジェロムから、英国を拠点とするテロ組織が、サッカー・ワールドカップ（W杯）フランス大会でのテロ攻撃を計画していると聞かされた。W杯攻撃計画の証拠をつかむよう持ちかけられたハセインは、アブ・ハムザ、アブ・カタダを主なターゲットにスパイ活動に入った。

記事は丁寧にも、この両説教師について、「テロとの関係を示唆《しさ》するものはない」と付け加えている。サンデータイムズのイスラム主義者への配慮が垣間《かいま》見える記事だった。

中面に掲載された写真は、資料に目を通すハセインの後ろ姿、ロンドンのフランス大使館建物、そして鉤状の腕を付けたアブ・ハムザの三枚である。記事にはハセインの実名があるが、写真は正面ではなく、後ろ姿だった。

私が今、この記事を読むと、かなりバランスを欠いた原稿との印象を受ける。イスラム過激派の行為を非難するのには慎重である一方、フランス政府への攻撃は厳しい。ハセインが報復したかったのは、アルジェリアで市民を殺害しているイスラム過激派であり、それを十分に防ごうとしないロンドン警視庁とMI5だったはずだ。記事では攻撃の矛先《ほこさき》は、フランス政府に集中している。

英国のメディア事情に詳しいロンドン・ミドルセックス大教授のカート・バーリングに聞くと、米同時多発テロ以前、英国のメディアは例外なく、宗教について報じることに消極的だった。宗教は個人の信仰の問題であって、誰がどんな信仰を持っていようとメディアがとやかく言う問題ではないという意識が強かった。モスク内でイスラム説教師がテロを扇動するような発言をしていても、それが宗教施設内での発言である限り、「個人の信仰の問題」と考えられたのだ。

サンデータイムズの記事からも、アブ・ハムザやアブ・カタダを非難するトーンはほとんどない。ハセインにとっては満足できる内容ではなかった。ただ、ハセインには、地下生活からはい出るという目的があった。

ハセインとフランス諜報機関との関係が、世界を駆け巡るのに時間はかからなかった。他メディアから、ハセインにインタビュー依頼が相次いだ。リクエストを仕切ったのはレパードだった。レパードはライバル紙にはインタビューさせずに、外国のメディアやテレビの取材を一部、認めた。ホテルの部屋にこもりながら、ハセインはフランスのテレビや新聞、アラビア語有力紙アッシャルク・アルアウサトのインタビューをこなした。

ブリュッセルに着いてから、ハセインは自分の携帯電話の電源を切っていた。MI5から渡されたポケットベルは持ってこなかった。外部との連絡はすべて、ホテルの電話を通した。メディア取材も落ち着いた木曜日、ハセインは五日ぶりに携帯電話のスイッチを入れた。MI5からの着信が表示された。留守番電話には、MI5のサイモンの怒鳴り声が残っていた。

「すぐに連絡を寄こせ」

記事掲載からちょうど一週間後の十五日、ハセインはようやくサイモンに電話した。

「電話をもらったようだな。国外にいるんだ」

これに対し、サイモンはさんざん不満を述べた。新聞記事はMI5との関係を報じていないが、サイモンは、次は自分たちとの関係を暴露されるのではないかと考えたようだ。興奮しているサイモンにハセインは説明した。

「俺はテロリストに殺害される可能性がある。それなのに、あなたは警視庁に相談するなと言った。メディアの力を借りる以外に、どんな方法があったと言うんだ」

ハセインは午後五時にウォータールー駅に戻ると伝えた。当時、ユーロスターのロンドン側発着駅はウォータールーだった。サイモンはこれ以上、メディアの取材に応じるなと釘を刺した。


ユーロスター内でハセインは赤ワインのボトルを二本空けた。サイモンと会うのは気が進まなかった。自分が間違ったことをしたとは思わなかった。先に裏切ったのは、向こうだった。でも、MI5が怒るのも理解できた。サイモンと会うのに「オランダ人の勇気」を借りたかった。

ウォータールー駅に着くと、リチャードが待っていた。ハセインは酔った頭でリチャードの後を追い、近くの警察署に入った。いつものようにホテルではないことにハセインはやや違和感を覚えた。サイモンが待っていた。ハセインは冗談を交えてこう言った。

「明日、サンデータイムズのデビッド（レパード）と会う。デビッドには今晩、あなたたちと会うことを伝えてある。俺が姿を消せば、デビッドがテムズ川を探すことになるぜ」

サイモンはそれを無視して、こう言った。

「どうしてメディアにしゃべったんだ。ジャーナリストが本気で君を守ってくれると思っているのか」

ハセインは警視庁やMI5が自分に十分な敬意を示してくれなかったと主張した。コンサートのチケット程度の報酬で自分を利用しようとしたと、ハセインは言った。また、ロンドンのイスラム過激派の行動がいかに危険なレベルになっているかを訴えた。今、彼らを止めなかったら、大変なことが起こり、その牙《きば》はいずれ英国人に向かうことも伝えた。モニターしているだけでは、過激化はもはや止まらないと考えていることを訴え、行動を起こす必要があったと説明した。

サイモンは興味なさそうにそれを聞くと、ポケットから封筒をとりだした。

「五百ポンド入っている。最後の報酬だ」

そして、こう付け加えた。

「私たちとの関係は決して、口外してはならない。わかっているな」

領収書は要求してこなかった。ハセインはこの程度のカネで口封じできると考えていると思うと、笑いがこみ上げてきた。ハセインがMI5課報指揮官に会ったのは、このときが最後だった。

「間違ったことはしていない」

サンデータイムズの報道をアルジェリアのメディアはこぞって大きく取り上げた。ハセインがフランスのスパイだったことは、大きな話題となった。他のどの国でもなく、フランスのスパイだったことが、アルジェリアでは特別な意味を持った。

当時のアルジェリア人は、このニュースをどう受け止めたのか。政府系夕刊紙オライゾンの編集局長でハセインの知人でもあるリセ・デジャラウドはこう話す。

「当時、私はパリにいた。コンサートから帰って、テレビのスイッチを入れると、レダがフランスのスパイだったと報じていた。まさに驚きだった」

イスラム救国戦線（ＦＩＳ）が権力を握り始めた一九九一年当時、デジャラウドはハセインとしばしば酒を飲んだ間柄だ。

「レダはＦＩＳから選挙に出て、その後、ロンドンに渡った。私たちは、『レダはＧＩＡの戦闘員になった』とうわさしていた。スパイについて知る二日前にも、レダがＧＩＡテロの片棒を担いでいるという話を聞いたばかりだった」

ハセインがフィンズベリー・パーク・モスクに通い詰め、アブ・ハムザらと一緒にデモに参加したことで、「ＧＩＡ戦闘員になった」という話が広まったようだ。ハセインは完全に周りを欺いていたことになる。ＧＩＡのメンバーだと思っていたハセインが、そのＧＩＡを監視するスパイだったというのだから、驚くべきニュースだったはずだ。

特にフランス諜報機関に協力していたことを知ったとき、デジャラウドは、「レダのやつ、どうかしてしまったのかもしれないと思った」と言う。フランスのスパイだったと公表することは、アルジェリア人全体を敵に回すことを意味するのだ。


ハセインが最も心を痛めたのは両親のことだった。フランスとの独立戦争を戦った世代である両親の戸惑いは深いはずだった。

母のバヒアは当時の心境を私に、こう説明した。

「とてもショックでした。なぜ、フランスに協力したのか理解できませんでした。私の兄は独立戦争中、フランス軍に拷問を受けました。そのフランスに協力していたなんて想像したくありませんでした。アルジェリアを裏切ったと思いました」

父のムハンマドによると、近所の人から、「あなたの息子がフランスのエージェント（スパイ）をしていたと新聞に載っている」と言われた。息子が自己利益のためにフランスのスパイをするとは思えず、必ず何か事情があるはずと考えた。ムハンマドはあくまで息子を信じようとしたのだ。

フランスは一八三〇年にアルジェリアを軍事支配した。モロッコやチュニジアを植民地としたのと違い、フランスはアルジェリアをフランス化した。政府の管轄でも、モロッコやチュニジアは植民地省の担当だが、アルジェリアは内務省が管轄した。当時のアルジェリア住民の多くはフランス語を母語として育ち、アラビア語を話せない人も少なくなかった。

第二次世界大戦を契機に世界各地の植民地で独立気運が盛り上がる。フランスの植民地政策に決定的な影響を与えたのが、一九五四年にあったベトナム・ディエンビエンフーの戦いだった。フランス植民地下にあったベトナム軍がフランス軍に勝利したことで他の植民地でも独立気運が高まった。

アルジェリアでも五四年、対仏独立闘争に火が付き七年四ヵ月にわたる血みどろの戦いの末、六二年にアルジェリアは独立を成し遂げる。独立以前のアルジェリアには当然、フランス軍が駐留していた。独立後、アルジェリア軍幹部となった者の多くはフランスで教育、訓練を受けた。そのため、アルジェリア人は今なお、アルジェリア軍とフランス軍が水面下でつながっていると考えている。

独立に向けたアルジェリアとフランスの交渉は六一年から始まったが、当時の交渉内容は今でも、すべてが明らかになっているわけではない。歴史的事実がいつまでも隠されている状況がアルジェリア人の疑心を呼び、陰謀史観につながっている。アルジェリアとフランスは一時期、歴史を共有し、互いが分かちがたく結びついた。アルジェリア人の多くが今もフランス語を話し、フランス料理を食べ、サッカー選手の多くがフランスのプロ・リーグで活躍している。アルジェリア人は、フランスへの愛情と憎悪で搦め捕られているのだ。

ハセインもどれだけ両親が驚いているか想像できたため、すぐに実家に電話している。電話口でムハンマドは言った。

「こっちでは、お前がフランスのスパイだったと報じられている。どういうことなんだ。何があったんだ」

独立戦争ではアルジェリア人の中に、祖国を裏切り、フランスのスパイとなっていた者がいた。そうした者たちの多くは、アルジェリアの独立後、フランスに渡った。アルジェリア人にとってフランスに対するよりも、そうした裏切り者に対する憎しみは今なお、深いのだ。

ハセインは父に言った。

「心配しないでください。僕は間違ったことはしていない。今は詳しく話せない。信じてほしい。心配はいらないから」

ハセインは、「心配いらない」を繰り返した。ムハンマドは息子がスパイをしていたことのショックよりも、何か困難に巻き込まれているのではないかと心配した。

父との電話を切ったときハセインは思った。すぐに次に進む必要がある。自分はフランスのためだけに働いてきたわけではない。サンデータイムズの記事では、フランスに協力し、そのフランスに裏切られたことだけに焦点が当たっている。

ハセインが最も訴えたかったのは、ロンドンを拠点にするイスラム過激派のテロリストたちが今まさに、「大きな攻撃」に挑もうとしていることと、警視庁やＭＩ５がそれを見過ごしていることだった。ハセインはレパードに、英国諜報機関との関係を取り上げてほしいと訴えた。ただ、レパードは気乗りしないようだった。

「何を、そんなに急ぐ必要があるんだ」

ハセインはむしろ、なぜそんなにゆっくりしているか理解できなかった。早く公表しなければ、自分はフランスの協力者だったという情報だけが独り歩きする。アルジェリアでは、それは敵への協力を意味する。自分はともかく、両親に肩身の狭い思いをさせることは耐えられなかった。

レパードは最後まで消極的だった。ハセインは、レパードが警視庁やＭＩ５と強いコネクションを持っていることを知っている。レパードへの不信感が募った。諜報機関と良好な関係を維持しようと、気兼ねしているのではないか。ＭＩ５がレパードに圧力をかけている可能性もある。このネタを材料にレパードはＭＩ５と取引をしようとしているのではないか。ハセインは、レパードに裏切られたのかもしれないと思った。

何もかも敵に回して

二十一世紀の扉が開かれた。

ハセインはサンデータイムズと組むことをあきらめ、英国諜報機関との関係をライバル紙オブザーバーに持ち込むことにした。

ハセインは二〇〇一年二月に入ってすぐ、オブザーバー紙を訪ね、記者のジェイソン・バークに会った。バークはかつてサンデータイムズの記者だった。ハセインはレパードと付き合い始めた当時、バークを紹介されている。

フランス諜報機関との関係の記事で、オブザーバーはサンデータイムズに出し抜かれている。何とか、やり返したかったはずだ。ハセインが持ち込んだ話は、英国諜報機関との関係だった。英国のジャーナリストにとって、フランス諜報機関との関係よりも関心は高い。

二月十八日、オブザーバーはハセインと英国諜報機関との関係を報じた。

一面の見出しは、「どうやって私は英国に裏切られたか」。過激なイスラム主義者がどれほど危険な存在であるかということにも触れているが、記事の主眼はあくまでも、それをスパイしてきたハセインが英国諜報機関にだまされたことに置かれている。

具体的には、ハセインが一九九四年、アルジェリア諜報機関の協力者としてロンドンを訪れてGIAメンバーと接触、ファクス機を運んだことに触れ、その後、ロンドンに渡ってアルジェリア諜報機関にイスラム主義者の情報を提供し続けたことを紹介している。

そのあとサッカーW杯フランス大会を前にした九七年からフランス課報機関のスパイとして活動し、具体的にはイスラム主義者の誘拐についてフランス当局と話し合い、ウサマ・ビンラディンの思想宣伝のための新聞を発行したことも書いている。

また、英国諜報機関との関係については、警視庁特別部の依頼でハセインがアブ・ハムザを監視し、その後、MI5に紹介されたとし、「ハセインはダブル（二重スパイ）、いやトリプル（三重スパイ）だった」とセンセーショナルに取り上げている。

最後に、MI5側がハセインに国籍問題を決着させると約束したにもかかわらず、それが果たされずハセインは警視庁とMI5にだまされたと記事は主張している。


この記事で、言いたいことはすべてはき出したとハセインは思った。

ロンドンの新聞は前日夜には、市中心部の駅売店に並ぶ。オブザーバーの特ダネを翌日に控えた十七日夜、ハセインはバー・デュ・マルシェで泥酔していた。店から、アルジェリア大使館のベンアリに電話した。ベテラン諜報指揮官は眠そうな声だった。

「どうしたんだ。こんな夜中に」

「今から、明日のオブザーバーを読む気はないかい。MI5のことを洗いざらいぶちまけてやった」

相手の声のトーンが変わった。驚いているのが受話器越しに伝わってきた。

日付が変わった午前二時、ハセインに電話が入った。ベンアリからだった。ハセインはまだ、バー・デュ・マルシェで飲んでいた。

「お前、報復したつもりか。何もかも敵に回して、どうなるかわかっているのか」

フランス政府の次にロンドン警視庁とＭＩ５、そしてテロリストたち。しかも、サンデータイムズのレパードの支援も期待できなくなった。ハセインは自分が次々と巨大組織を敵に回していることを改めて知った。ベンアリの言葉で恐怖心が呼び覚まされた。酒で曇ったハセインの頭に浮かんだのはアルジェの父のことだった。

「みんなを敵に回しても父は、理解してくれる。フランスに協力したわけではない。イスラム過激派の動きを止めるために、フランスや英国を利用したことをわかってくれる。大きな組織を敵に回そうとも、父一人が理解してくれればそれでいい」

二〇〇一年。ベンアリが言っていた「大きな攻撃」が着々と近づいていることを、ハセインはまだ知らない。その「大きな攻撃」が起こったとき、世論というサポートを得ることになろうとは想像するはずもなかった。

「大きな攻撃」とは九・一一だった

二〇〇一年夏、ロンドンは過ごしやすい気候が続いた。ハセインは七月、友人から翻訳の仕事をもらった。ロンドン南部クラップハム・コモンの弁護士事務所でアラビア語文書を英語にする仕事だった。ここはかつて、明治の文豪、夏目漱石がロンドン留学中（一九〇〇〜〇二年）に下宿した街でもあった。

ハセインは自宅からバスと地下鉄を乗り継ぎ、クラップハム・コモンまで通った。サラリーマンのような生活だった。イスラム主義者が立ち寄りそうな場所は極力避けながら潜むように暮らした。

〇一年九月十一日もハセインは、普段と同じように弁護士事務所に通い、アラビア語と格闘していた。ロンドンの夏は日が長い。ようやく太陽が沈んだ午後九時ごろだった。イディオムをどうやって英語にするかに頭を痛めていたハセインは、後ろから肩をたたかれた。振り向くと、友人の弁護士が立っていた。

「まだ仕事しているのか」

「……………」

「まさか、きょうのことを知らないいんじゃないだろうな」

「……………」

ハセインはテレビを見ていなかった。

「旅客機がニューヨークのツインタワー（世界貿易センタービル）に突っ込んだんだ。まるでハリウッド映画だぞ」

ハセインは慌ててテレビのスイッチを入れた。画面は旅客機がビルに突っ込む映像を繰り返し流していた。最初の旅客機がビルに突っ込んだのはニューヨーク時間の午前八時四十六分。ロンドンでは午後一時四十六分にあたる。ハセインはほぼ七時間、この歴史的なテロを知らなかった。ツインタワーが煙を上げて崩れ落ちる映像を見ながらハセインは思った。

「『大きな攻撃』とはこれだったんだ」

体が震えた。おびえや緊張ではなかった。底知れぬエネルギーが体から湧きだし、体を小刻みに震わせた。世界が音を立てて動き出したその振動が、ハセインの心臓の動きと共鳴している気がした。自分の人生も大きく動き出した気がした。

翻訳のことはすっかり頭から消えた。すぐに事務所を出て、茫然《ぼうぜん》自失のまま自宅に戻った。これを最後に弁護士事務所には戻らなかった。

翌日からハセインの携帯電話に次々と電話が入った。知り合いのジャーナリストたちからだった。ハセインはアブ・ハムザやアブ・カタダ、そして、ウサマ・ビンラディンの片腕だったイスラム過激派を直接、見たことのある貴重な存在だった。

各国政府指導者、世界の人々、そしてジャーナリズムは亡くなった人々に同情し、テロリストたちへの怒りを共有していた。ハセインのやってきたことは、英国籍ほしさや小銭稼ぎの利己的行為ではなく、世界平和のため危険を冒してテロリストを監視する英雄行為に転換した。ハセインは突然、自分の周りの景色が明るくなったように思った。

「世界が一瞬にして自分の味方についてくれた気がした。ブッシュ（米国大統領）、ブレア（英国首相）、みんな俺の言っていたことの意味を理解したはずだった」

ハセインは街を歩くのが怖くなくなった。フィンズベリー地区にはさすがに足を向けなかったが、他の地域では周りを気にすることはなくなった。英国中がイスラム過激派への敵意であふれた。

テロの二日後から、ハセインはBBC放送をはじめ米英のテレビ、ラジオに相次いで出演した。インタビューを受けているとき、別のメディアが次のインタビューのために待機している状態だった。

ハセインはアブ・ハムザとアブ・カタダを名指しして非難した。当時、世界はまだ、この二人についてほとんど知らなかった。もちろん逮捕もされていない。でも、ハセインははっきりと主張した。

「彼らこそ若者たちをリクルートして過激思想に染め、米国への攻撃に駆り立てた」

警視庁やMI5の不作為についても批判した。

「アブ・ハムザやアブ・カタダは若いイスラム教徒に偽造パスポートを渡し、アフガニスタンの軍事訓練キャンプに派遣している。何度もスコットランド・ヤードやファイブに報告した。もしも英国が危険人物を逮捕して、関係箇所を捜索していたら、今回のテロ計画を事前に察知できた可能性もある」

あふれるイスラム主義者の情報

テロ直後から、イスラム主義者に関する情報が堰《せき》を切ったように流れた。主に米国政府が発表するか、もしくはメディアが独自取材で明らかにした情報だった。その中には、ハセインが監視した過激派に関する情報も少なくなかった。

その一部を紹介する。

最初に米国が発表したのはザカリアス・ムサウィである。

モロッコ系のフランス人。ロンドン南部ブリクストンに九年間暮らしていた。米同時多発テロでホワイトハウスに突っ込む予定でミネソタ州の航空訓練学校に在籍していた二〇〇一年八月十六日、入国管理法違反の疑いで逮捕されたためハイジャックに加われなかった。同時多発テロに関与した中で、唯一の生存者となったムサウィをいつしかメディアは、「二十人目の実行犯」と呼ぶようになった。

ハセインは同時多発テロ直後、テレビが映し出すムサウィの映像を見て驚いた。モスクでたびたび見かけた顔だった。名前は知らなかったが、顔ははっきりと覚えていた。モスクに顔を見せるようになったのは二年ほど前だった。いつも、ジーンズにシャツというラフな格好で、アブ・カタダの傍らでひそひそ話をしていた。

ムサウィの後にメディアを賑わせたのが、リチャード・リードだった。米同時多発テロの興奮も冷めない十二月二十二日、パリ発マイアミ行きのアメリカン航空機（乗客百八十五人）内で靴にしのばせた爆弾を爆破しようとして逮捕された。メディアはリードを「シュー・ボマー（爆破靴の男）」と呼んだ。リードは一九九八年四月、アフガニスタンのアルカイダ軍事訓練キャンプでムサウィと会っている。リードもフィンズベリー・パーク・モスクで、ハセインが見かけた男だった。

年が明けると、米軍はアフガニスタンでイスラム過激派十二人を敵性戦闘員として逮捕し、グアンタナモ収容所に運んだ。その中に、ハセインがたびたび見かけた男がいた。フェロズ・アッバシ。ハセインは、こう言う。

「九九年の終わりから二〇〇〇年の初め、フェロズはロンドン南部のクロイドンからフィンズベリー・パーク・モスクに来た。イスラムを深く学びたいという動機だった。それなのにアブ・ハムザから学んだのは過激思想だった」

アッバシは七九年一〇月、アフリカ・ウガンダに生まれた。八歳のとき母とともに英国に移住した。その後、母がキリスト教徒の男性と結婚している。アッバシは学校ではよくできる生徒だった。母がキリスト教徒と結婚した影響から、イスラムへの信仰心に目覚めたと考えられている。

ビンラディンのヒットマンを自称するウサマ・カシールについても、ハセインはMI5に報告している。

レバノンに生まれ、八〇年代にスウェーデンに移住した。長身で長髪、ひげ面、細い首。モスクでも一人、戦闘服を着ていたため目立たぬはずがない。ハセインは九九年、自分の耳でカシールが、「ビンラディンのヒットマン」と自称しているのを聞いている。前年、アルカイダはケニア、タンザニアで米国大使館を狙った大規模テロを実行していた。カシールもいずれ、世界のどこかで欧米人を狙った攻撃を仕掛けてくるのは疑いの余地がないとハセインは考えていた。

カシールから危険なにおいをかいだ理由について、ハセインはこう説明する。

「ビデオを見ながら泣いていた。戦闘で死んだ若いイスラム教徒の遺体を見ながら、『彼らは今、天国に行った』と言っては慟哭《どうこく》していた。米国人やユダヤ人を殺害するためなら何でもやる男に思えた。やつに感化されて軍事訓練キャンプに行く若者も多かった」

ハセインの警告にもかかわらず、MI5はカシールにほとんど関心を示さなかった。米同時多発テロ後、米国政府が逮捕状を発行し、カシールが逮捕されたのは〇五年十二月。ベイルートに向かうためプラハにいるときだった。二年後に米国に移送されたカシールは連邦裁判所で終身刑の判決を受けている。

ハセインがモスクを監視していたころ、カシールはロンドンから米国オレゴン州に渡り、イスラム戦闘員のための訓練キャンプ設置を支援していた。ハセインは言う。

「警視庁かMI5がカシールから聴取していれば、同時多発テロ計画のしっぽをつかめたかもしれない。テロ計画の全容はわからなかったとしても、やつらが変な動きをしていることはわかったはずだ」

ウィキリークスが暴露した米国政府の内部資料では、グアンタナモに収容された者のうち、少なくとも三十五人がフィンズベリー・パーク・モスクやアブ・カタダのモスクで説教を受けていたという。グアンタナモに収容された者すべてが危険なテロリストだったわけではないが、当時、ロンドンのモスクから数多くのイスラム教徒がアフガニスタンやパキスタンに渡っていたことの裏付けにはなる。

ちなみに、この米国政府内部資料では、フィンズベリー・パーク・モスクを「アブ・ハムザがアルカイダに人材を派遣するための拠点」と位置づけ、英国諜報機関がアブ・カタダを、「ビンラデインの欧州大使」と考えていたことも明らかにしている。

歩んできた道は父と同じ

米国を中心とした有志連合は同時多発テロから約一ヵ月後の二〇〇一年十月七日、アフガニスタンへの空爆を開始した。アフガニスタンを実効支配するタリバン政権が、国際テロ組織アルカイダの戦闘員をかくまっていると米国は考えた。欧米を中心に各国政府は、イスラム主義への融和姿勢を転換し、「対テロ」戦争に突き進む。

米軍の攻撃は激しかった。タリバン支配地域を次々と奪回し、空爆開始から一ヵ月を過ぎた十一月十三日、米軍に支援された北部同盟軍が首都カブールに入った。もうハセインがイスラム主義者に対し、やることは終わったようだった。世界は過激なイスラム主義の危険性を十分、認識した。世界中の軍、諜報機関、治安機関が総出でイスラム過激派をつぶしにかかったように思えた。

ハセインは一旦、アルジェに帰り、両親にスパイ活動について説明しようし思った。自分のやってきたことについて、きちんと伝えておきたかった。米同時多発テロが起こったことで、世界の風は自分にとって追い風に変わった。自分のやってきたことを両親に理解してもらう環境が整ったと、ハセインは判断した。

アルジェ国際空港に着くと、諜報機関の人間に監視されているのがわかった。スパイとして一通りの経験を積んできたハセインは、軍や諜報機関に囲まれても、もうおたおたすることはなかった。

アルジェの実家に帰った。すぐ近くが地中海だ。

一階の奥の部屋に入り、ソファで両親と向き合った。

「心配かけたと思う。もっと早く説明したかったが、国籍のことなどでばたばたしていたから」

母のバヒアはうれしそうにほほ笑んでいる。父ムハンマドは言った。

「心配したぞ。特にフランスの諜報機関に協力していると聞いたときは、近所からも批判された」

ハセインは説明した。

アルジェリア軍に狙われ、協力者にされた。ロンドンに渡り、イスラム主義者がアルジェリアのテロを支援していることを知った。尊敬しているジャーナリストが殺され、ロンドンのイスラム主義者がその暗殺に関わっていると考えた。そして、自分に何ができるか考え、たどり着いた結論がフランス、英国のスパイになることだった。

ハセインは言う。

「メディアの報道で両親に肩身の狭い思いをさせたことが一番つらかった。俺がやってきたのは、やつら（イスラム過激派）との戦争だった。俺はスパイとして戦闘に参加しているつもりだったと説明したんだ」

私はアルジェを訪れた際、ムハンマドから、ハセインにスパイ活動について打ち明けられたときの気持ちを聞いている。

「レダがスパイをしていたとは、まったく知らなかった。フランスのスパイをやっていたと報じられたときは、さすがにショックでしたね」

ムハンマドと同世代のアルジェリア人はほぼ例外なくフランスには強い嫌悪感を持っている。七年四ヵ月に及ぶ対仏独立戦争で亡くなったアルジェリア人は百万人以上とされる。隣のモロッコやチュニジアが犠牲を払わずにフランスから独立したことを考えると、アルジェリア人のフランスに対する憎しみの深さは察してあまりある。

特にムハンマドのフランスへの憎悪は深かった。知り合いが何人も殺され、独立運動に携わった叔父はフランス軍の拷問に苦しめられた。そうした体験もあってムハンマドには、ハセインを信じたい気持ちの裏で、何でフランスに協力したのかと息子を責める気持ちもあったのだ。

しかし、ムハンマドはハセインの体験を聞き、むしろ息子を誇る気持ちが強くなった。自分が息子の立場でも、同じ道を歩んだかもしれないと思った。自分と息子の体験に重なるものがあると感じたためだ。

ムハンマドは対仏独立戦争最中の一九五六年、友人四人を失った。四人は山岳地帯でフランス軍と戦う抵抗軍の兵士だった。四人の中に、特に親しかった友人がいた。大人しい男で、独立運動の話をすると、「政治の話はやめよう。サッカーか映画の話をしよう」と言うほど思想とは無縁の友人だった。

その友人が祖国のために戦いたいと山に入り、フランス軍の攻撃で若い命を散らした。彼の死を知ったムハンマドは五八年三月、自身も抵抗軍の兵士を志願する。それはあたかも、次々と同僚のジャーナリストを殺害され、最後に最も尊敬したアブデラフマニを殺害されたときハセインの抱いたテロリストへの憎悪と共通する気持ちだった。

しかし、ムハンマドは兵士にはならなかった。抵抗軍幹部からこう言われたためだ。

「君はアルジェで地下活動してくれ」

ムハンマドはフランス語を書く能力が高かった。兵士として銃をとるよりも、地下で抵抗のための宣伝活動に携わる方が、その能力を有効に利用することになると幹部は判断したようだ。

ムハンマドは抵抗軍を支援するための地下新聞制作に携わる。宣伝部門スタッフとして市民の反仏感情をかき立て、独立のため市民の団結心を鼓舞《こぶ》する記事を書いた。

「アルジェリアを救うために息子は危険なスパイをやっていたと知りました。武器をとるのも戦いですが、地下に潜伏するのも戦いです。私はそれをよく知っています。私はアルジェで地下活動することでフランスと戦っていたのです。人間には、地下活動でしか成し遂げられないことがあるのです。息子はスパイとして祖国に貢献できると判断したのでしょう。レダがスパイだったことを誇りに思っています」

ムハンマドがほとんど歯の抜けた口から、ぽつりぽつりと語る言葉を聞いて、私は血脈について考えた。フランスとの戦争で培われた地下活動の血脈が、ムハンマドからハセインに脈々と流れている。ムハンマドはこうも言った。

「正直なところ、静かで地味な生活をしてほしかった。しかし、今は息子のやったことを理解しています。私もかつて、同じことをやったんです」

フランスという巨大な敵に立ち向かうとき、アルジェリア市民はあらゆる方法を駆使して戦いを挑んだ。そして、九二年から吹き荒れたイスラム主義者によるテロに対し、ハセインはスパイという方法で自らのジハードを実践した。ハセインの特異な戦い方も、アルジェリア現代史の延長線にあった。

ムハンマドは私とのインタビュー直後に脳梗塞《のうこうそく》で倒れ、インタビューから十日後の二〇一三年二月十六日、アルジェの病院で急死した。

ムハンマドの言葉は結果的に、遺言になった。

アルジェリア軍への報復

スパイ人生に完全に幕を下ろしたハセインには、やり残した闘いが二つあった。一つは英国籍を取得し、これを妨害した警視庁やＭＩ５に一泡吹かせることだった。もう一つは、アルジェリア軍への報復だった。諜報機関協力者に仕立て上げられたあの悪夢の日々、一九九四年の夏のあの経験について決着をつけたかった。

ハセインはアルジェリア軍に、自分を協力者に仕立てた理由を直接、問いただそうと思った。そうしなければ、スパイ人生に幕引きができない気がした。軍幹部に苦しい思いをさせなければ、後悔だけが残ってしまうと思った。

ハセインはある工作をする。自伝を出版することにし、その中で、アルジェリア軍のやってきたことを暴露すると軍幹部に通告するのだ。軍は出版を差し止めようと面談を求めてくるはずだった。

ハセインはそのころ、アルジェリア軍との関係を書いたフランス語の原稿を持っていた。この原稿を、アルジェリア政府とつながりを持つ知人に送り、出版予定であることを伝えた。さっそくベルギーのアルジェリア大使館からハセインに連絡があり、アルジェで軍幹部と面談するよう求めてきた。ベルギーの大使館はハセインに航空機代として五百ユーロを支払った。

ハセインはアルジェに飛び二〇〇二年八月十一日、車を運転してアルジェの軍施設に入った。太陽が照りつける暑い日曜だった。ハセインは大きな部屋に案内された。テーブルの周りに軍服姿の男たちがずらりと顔を並べていた。

ハセインは言う。

「危ない橋を渡っていた。アルジェリアでは軍は絶対的存在だ。自分の命を奪うことなんて、何でもない。マフィアの中のマフィアだ。それでも連中に会いたかった。自分の心の整理をつけるためだった」

身の危険を感じていたハセインはここに来る前、英国のジャーナリストに事情を説明し、自分との連絡が途絶えた場合、アルジェリア軍が関与していると思ってくれと伝えていた。

居並ぶ軍幹部の中に、ロンドン時代に会った将軍がいた。アルジェリア大使館の諜報指揮官、アブデルカデル・ベングリンだった。ハセインが世話になったベンアリの前任者で、〇二年に軍の将軍になっていた。

軍幹部の一人がさっそく、ハセインの出版計画について尋ねた。

「あの原稿を本気で出版するつもりか。我々には都合が悪い」

続いて、胸に多くの勲章を付けたベングリンが口を開いた。

「君の母をロンドンに呼び寄せる際、私が協力したことがあったね」

ハセインの母は九八年、ロンドンへの旅行を計画した。当時、アルジェリア人が英国のビザをとるには紹介者のレターが必要だった。ベングリンがそれを書いてくれた。そのことを言っているのだ。

ハセインは将軍をにらみ返して言った。

「あのときのレターには感謝しています。でも、今回の出版とは関係ないでしょう」

ベングリンは、原稿の出版は絶対に阻止すると言った。そして、出版を思い止《しど》まったら、ロンドンのアルジェリア大使館で広報担当として採用すると提案してきた。

ハセインに譲る気はなかった。苦しむだけ苦しむがいいと思った。自分が苦しんだのに比べれば、軍幹部の悩みは、悩みのうちに入らない。人生を変えられるわけではないのだから。

ハセインは、すでに原稿を方々に送ってしまっていると言って抵抗した。ベングリンは誰に原稿を送ったのか聞いてきた。ハセインはフランス語だけでなく英語での翻訳出版も考えていると伝え、英国、フランス、イタリア、カナダのジャーナリストの名前を挙げた。

実際、ハセインは何人かのジャーナリストに原稿を送っていたが、ジャーナリストたちはハセインとアルジェリア軍の関係に関心を持たなかった。すでにフランスと英国のスパイをしていたことを明らかにしているのだから、今さらアルジェリア軍の協力者だったと言ってもニュース価値は低い。しかし、アルジェリア軍にしてみれば、この原稿の価値は高かった。絶対に公にしてはならないものだった。

軍側からの質問が一段落したのを見計らい、ハセインは質問を投げた。九四年の夏のことだった。

「なぜ、あなたたちは俺をロンドンに送ったのか。なぜ、俺だったんだ」

ハセインがここに来た真の目的を軍幹部が察したようだった。

「君をロンドンに派遣したのは軍ではない。警察だ」

と幹部の一人が答えた。

逃げるような態度にハセインの怒りの言葉が堰を切って流れた。

「うそを言うな。派遣したのはブルー（警察）ではない。お前たちグリーン（軍）だ。それを知っているのはお前たちだ。九四年の夏、俺の人生は終わったんだ。あれ以来、俺はもう一つの人生を歩んできた。お前たちのせいで、俺は望みもしない道を歩かされた。八年たった今、俺はここに戻ってきた。お前たちに仕返しするためだ」

軍幹部は抗弁した。

「いや、あれは警察がやったんだ」

ハセインは叫んだ。

「ごまかすな。俺と家族がどれだけ苦しんだか、わかっているのか」

ハセインは軍に直接、不満をぶつけた。軍にとってはさほど痛くもなかったかもしれない。ただ、使い捨ての駒のような存在から、対等に意見を戦わせることができるようになったことはハセインにとって小さくなかった。

私とのインタビューの中で、ハセインは軍幹部とのこのやりとりを描写するとき、目に涙をためた。すでに十年以上が経過していながら、当時を思い出すと声が震えるようだった。

「九四年当時、やつらにとって俺は取るに足りない存在だった。国家にとって無視できるほど小さなものだった。しかし、国際状況は変わった。俺は同時多発テロで世界を味方につけた。アルジェリア軍は俺の存在を無視できなくなった。俺の心を踏みにじった軍に、俺はようやく報復できたと思った」

軍施設内は冷え過ぎるほど冷房が効いていた。

ハセインは席を立って部屋を出ると、思いっきり扉を閉めた。悔しさが全身を包んだ。俺の人生は国家によって変えられた。仕返ししたところで、人生を取り戻すことはできないのだ。


軍施設を出たハセインは実家に戻った。

軍から再度呼び出しがかかったのは翌日だった。ハセインは改めて国家の執念深さを知る。アルジェリアにいる限り、軍の力は絶対である。その絶対権力者にたてついたとき、どうなるか、ハセインは知っている。今度こそ、自分の身に危険が及ぶかもしれない。ハセインは、英国やフランスのジャーナリスト仲間に改めて連絡し、軍の尋問を受ける可能性があることを伝えた。

ハセインが軍施設に入ると、さっそく尋問が始まった。机をはさんで向かいに座ったのは軍事裁判（軍法会議）を担当する幹部だった。ハセインは自分を軍事裁判にかけるつもりなのかと身構えた。

調べ官はハセインに言った。

「君はモロッコ諜報機関のスパイとして活動していた疑いがある」

完全な言いがかりだった。確かにハセインはロンドンのモロッコ大使館に一度、入ったことがある。それをアルジェリア側が把握していたのだ。ただ、ハセインはモロッコ旅行を計画していただけで、スパイとは無関係だった。

アルジェリアとモロッコは常に緊張関係にある。モロッコが自国領と考える西サハラの帰属を巡り、アルジェリアが西サハラ独立派を支援していることが原因になっている。隣国関係は難しい。モロッコ諜報機関の協力者となれば、アルジェリアにとっては国家反逆罪に問うことも可能になる。

ハセインはモロッコ諜報機関との関係について理路整然と説明した。すると相手は次に、アルジェリアのスパイとして活動する気はないかと提案してきた。高給を保証するという。ロンドンでリビア政府とアルカイダが接触しているという情報があるため、それを内偵してみないかという提案だった。鞭《むち》をちらつかせながら、アメをしゃぶらせる軍お得意のやり方だった。

ハセインはこれ以上、軍と関わると自分の命の火が消えるかもしれないと思った。軍は火遊びするのに適当な相手ではない。間違ったら火傷《やけど》では済まないのだ。

ハセインは、ただちに出国すべきだと悟った。

「英国とフランスのジャーナリストの多くが今、俺がここで聴取を受けていることを知っている。もしも俺が死んだら、軍が殺害したと、書き立てることになっている。調べが終わったら、英国とフランスのジャーナリストに連絡を入れることになっている。早くここから出さないと、ジャーナリストが騒ぎ出すぞ」

ハセインは尋問から解放されると、大急ぎでロンドンに戻った。

国家が本気で牙をむいたときは、それに抵抗することはほとんど不可能だ。特に、アルジェリアのような治安機関と諜報機関の力によって、国家の安定が何とか保たれているような国では、個人は国家の前ではほぼ無力だ。

しかし、この時点でもまだハセインは、国家の怖さを十分に知らなかった。本当の恐ろしさを知ったのは八年後、二〇一〇年だった。

グラウンド・ゼロに立って

米同時多発テロ後、過激なイスラム主義者に対する英国世論の不満は急激に高まった。

ロンドン警視庁は二〇〇二年十月、アブ・カタダをテロに関与した疑いで逮捕したが、最終的に起訴はしなかった。ヨルダン政府からの身柄引き渡し要求に応じ、一三年になってようやくヨルダンに移送している。

〇三年になると警視庁はロンドニスタンの本丸に切り込んだ。フィンズベリー・パーク・モスクの捜索に入り、パスポートを偽造するための機械などを押収した。モスクは閉鎖されアブ・ハムザは金曜日になると、モスク前の路上で演説を繰り返した。周りを警察とジャーナリストが取り囲む異常な礼拝風景だった。

そして、警視庁は〇四年八月二十六日、アブ・ハムザを逮捕した。英国政府がついに、アブ・ハムザとの「紳士協定」を破棄したのだ。米同時多発テロからすでに三年が経とうとしていた。アブ・ハムザは二ヵ月後の十月二十四日、十五の罪で起訴された。

起訴内容は、ユダヤ人ら非イスラム教徒を殺害するよう奨励した（九件）、人種的憎悪をかき立てる行為をした（四件）、人種的憎悪をかき立てるためのビデオや音声のテープを所持していた（一件）、テロに利用できそうな情報の載った資料を所持していた（一件）で、すべて英国の法律に則《のっと》って起訴された。

アブ・ハムザを巡っては、米国から身柄引き渡し要求が出たが、今回の起訴はあくまで英国内の犯罪が対象になった。

欧米のメディアはアブ・ハムザの逮捕、起訴を大きく報道した。この男の素顔を知るハセインのところにはまた、取材が殺到した。米国のメディアもハセインの経歴を紹介しながらアブ・ハムザの実像に迫った。

そうしたとき、ハセインのところに米国の弁護士から電話が入った。米国南東部サウスカロライナ州チャールストンの弁護士、マイケル・エルスナーからだった。米同時多発テロの犠牲者家族の弁護をしていたエルスナーは、米国に来て自分たちの資料に目を通してほしいとハセインに依頼してきた。

　ハセインは〇五年二月十五日、ロンドン・ヒースロー空港を出発した。ワシントンDCを経由してチャールストンに着いたのは十六日午前二時だった。午前十時から弁護士事務所で簡単な打ち合わせをし、その日は自由行動になった。

　チャールストンは典型的な南部の街だった。かつて奴隷売買の拠点として栄え、今でも大きなプランテーション跡が残っている。ハセインは普通の米国人と会って、彼らがイスラムについてどう考えているかを確認したかった。

　夜になってダウンタウンを歩き、バーに入った。地元の人たちは長いカウンターに座って、好きなアルコールを楽しんでいた。声が大きく陽気な酒だった。角の席に座ってジャックダニエルを注文すると、すぐに隣の女性が声を掛けてきた。

「あなた、どこかで会ったことあるわ」

　ハセインは笑いながら首を振った。

「米国で飲むのは初めてだよ」

「どこから来たの」

「アルジェリアだよ」

　少し間を置き女性は、アルジェリアがどこにあるのか聞いてきた。ハセインが、アフリカにあると説明すると、女性は、

「冗談言わないで。アフリカ人が黒い肌をしていることくらい知っているわ」

と言い返してきた。

アフリカといえば黒人の大陸、かつて奴隷を送り出した大陸だと女性は考えていた。アフリカ北部にはアラブ系やベルベル系の民族が暮らしているということを知らないようだった。ハセインがアフリカには、自分のような肌をした人間も住んでいることを説明すると、女性は周りに向かって大声を張り上げた。

「この人、アフリカからやってきたんだって。きょうが初めての米国なんですって」

ハセインが北アフリカ出身だとわかると、店のあちこちからワインやカクテルが回ってきた。

ハセインは周りと談笑し、しこたま酔った。米国の素顔に触れた気がした。

「飲みながら不思議な感覚にとらわれた。アラブ人やイスラム教徒の中になぜ、この国を憎む者がいるのか。アブ・ハムザはモスクで、『米国人を殺せ』と繰り返していた。やつらは本当の米国人に会ったことがあるのか。多くの米国人もまた、本当のイスラム教徒を知らない。米国人もアラブ人も互いについてあまりに無知だった。無知が偏見を生み、陰謀史観につながるんだ」

翌日からハセインは弁護士事務所で法廷資料に目を通した。午前十時から午後五時まで毎日、資料を前にエルスナーの質問を受けた。ハセインの仕事はモスク内で誰が、どんな役割を果たしていたかを説明することだった。

エルスナーとの仕事を一週間で終えたハセインが向かったのはニューヨークだった。どうしても世界貿易センタービルの跡地（グラウンド・ゼロ）を訪ねたかった。

夜中にニューヨーク・ラガーディア空港に着き、バスとタクシーでタイムズ・スクエア近くのホテルに入った。翌朝、帽子をかぶって厚手のジャンパーを着ると、ハセインは午前九時ごろホテルを出た。タイムズ・スクエアからは歩くと一時間ほどかかる。地下鉄やバスには乗りたくなかった。あっけなくグラウンド・ゼロに着いてしまいたくなかった。自分がやってきたことについて、ゆっくりと考えながら行きたかった。

寒いニューヨークだったが、歩いているうち少し汗ばんできた。

林立するビルの合間にすっぽりと抜け落ちた巨大な空間が見えた。空が高く思えた。グラウンド・ゼロだった。あの日から三年半が経っていた。新しいビルの基礎工事が始まっていたが建造物はまだ、姿を現していなかった。

金属製の柵越しに中をのぞいた。サッカー場を何面も作れそうな広い場所で大型の建設機械が忙しく動いていた。柵に犠牲者の名前を記したプレートが掛かっていた。

三千人に近い犠牲者には、それぞれ家族があり、生活があり、そして夢があった。しかし、今はただ、プレートにその名前をとどめるだけだ。名前を見ていくと、実にさまざまな民族が犠牲になっていることがわかった。欧米人、イスラム教徒、ユダヤ人、アジア人。それは民族や宗教を超えた、まさに無差別の「大きな攻撃」だった。

三年半前の秋の朝、快晴のこの場所で世界の形を変える悲劇が起きた。家族のために働いていた銀行マンや、レストランで商用の会合に出席していたビジネスマンら、このビルにいたのはみんな、普通の市民だった。アフガニスタンで軍事訓練を受けている者たちや、ロンドンのモスクで説教を聞いている若いイスラム教徒とは何の関係もない人たちだった。

突然、大きな揺れに襲われ、煙を吐くビルに残された者たちの心細さは想像してあまりあった。ニューヨーク中の消防署員が駆り出され、命の危険を顧みず、一人でも多くを救おうとビルの中に入っていった。彼らは、どれだけ無念な思いを抱きながら、亡くなっていったのだろう。そう思いながら、ハセインはプレートの名前を見続けた。目にはいつしか、光るものが浮かんだ。

ハセインは思った。この犠牲者たちこそ天国に行く人たちだ。飛行機で突っ込んだテロリスト、そして、テロを扇動した者やその支持者たちに、決して天国はないと。

ついに英国人に

二〇〇五年七月に始まる予定だったアブ・ハムザの公判は延期になった。

ロンドンで七月七日午前八時五十分ごろ、地下鉄三線の車両が爆破され、その約一時間後に二階建てバスが吹き飛ばされたためだ。犠牲者は計五十六人。スコットランドで主要八ヵ国（G8）首脳会議が開かれている、まさにそのときだった。

地下鉄・バスを狙った連続爆破テロはイスラム過激派からの反撃だった。アブ・ハムザの逮捕で、イスラム主義者は、警視庁やMI5との間にあった「合意」が破られたと考えた。テロリストたちはついに攻撃の対象を英国内にも向けるようになった。

ハセインはアルジェリア大使館のベンアリが言っていた言葉を思い出した。

「アフガニスタンのアルカイダ軍事訓練キャンプに行っている連中はいずれ、英国に戻ってくる。そのときは英国人自身がターゲットになる」

結局、アブ・ハムザの初公判が開かれたのは〇六年一月九日。判決は二月七日に言い渡され、アブ・ハムザは十五の罪のうち十一の罪で有罪、四つについては無罪になった。しかし、米国政府の要求に応じてアブ・ハムザの身柄を米国に移送するには、さらに六年の歳月を要することになる。

ハセインに残されていたのは国籍問題だった。二〇〇七年になっても英国政府はハセインに国籍を与えなかった。英国に住んで十三年になる。元妻と子供たちは〇五年、すでに英国籍を取得していた。ハセインは自分に国籍が与えられないのは、MI5と警視庁の抵抗があると確信し、知り合いの英紙タイムズ記者に相談した。同紙は〇七年十一月二十九日、こう報じた。

英国の安全のために危険を顧みず働いてきたレダ・ハセインがMI5に裏切られた。MI5は国籍を与えると約束しながら、入国から十三年になる今も、ハセインには国籍が与えられていない。イラク戦争で危険を冒しながら英国軍の通訳を務めたイラク人に英国政府が国籍を与えないのと同じ問題だ。ブラウン首相はイスラム過激派対策には、イスラム教徒の協力が必要だと言っているのに、こんなことではイスラム教徒の協力を得られるはずがない。

この記事を追い掛けるように多くのメディアがハセインの国籍問題を報じた。アルカイダ、アブ・ハムザやアブ・カタダを敵視する社会風潮がハセインに追い風になった。メディアの多くは、自分たちの安全のために働いてくれた人間を裏切っているとして英国政府を批判していた。

首相のブラウンが内務省に、この問題の解決を指示した。年明け早々、内務省からハセインに、国籍を与えるとの連絡が書簡で届いた。書簡には、「おめでとうございます」と書かれてあった。

結局、最後までハセインは世論に救われた。

市民権（国籍）の授与は〇八年一月二十八日だった。場所はロンドン北部イズリントン区役所である。

ハセインは青いシャツに灰色のスーツ。頭髪とひげはきれいにそり上げた。身ぎれいにして国籍を受け取りたかった。大勢のメディアがハセインを追い掛けてきた。

区長のバーバラ・スミスが玄関まで迎えに出ていた。区長はセレモニー用に赤い伝統衣装と帽子を身につけていた。スミスはにっこりと笑って呼びかけた。

「ようこそ、レダ・ハセインさん」

ハセインはメディアに囲まれながら大きな部屋に入った。正面に白いドレス姿の女王エリザベス二世の写真が掛けてあった。規則に従い、英国への忠誠を誓った。待ちに待った瞬間だった。

「私、レダ・ハセインは厳粛に、真摯《しんし》に宣言します。私は法律に則るところ、エリザベス二世女王閣下とその後継者に対し、忠実で本当の忠誠を誓います」

ハセインは市民権の証明書を受け取った。そのときふと頭に、中学時代の吃音経験が浮かんだ。普段、胸の奥深くに隠してきた感情が、市民権を手にした瞬間、むくむくと這《は》い上がってきた気がした。

「ついに英国人になった。この証明書を中学の英語教師に見せつけてやりたい。吃音で苦しむ俺に、『こんな英語も読めないのか』と言った教師に、俺は英国人になったぞと言ってやりたい」

ハセインは英国人として、区役所を後にした。

第六章

霧の恐怖

アブ・ハムザの米国への移送が決まり、ロンドンの王立裁判所前で喜ぶレダ・ハセイン。

テロリストよりも怖い世界

英国籍を取得したレダ・ハセインはフリー・ジャーナリストとして、英国大衆紙やアルジェリア紙の取材を手伝うなどして時を過ごした。

ロンドン警視庁とＭＩ５は過激なイスラム主義者の取り締まりと監視に本腰を入れ、ハセインがかつて追い掛けた者の多くは身柄を拘束された。自分の国籍問題も解決した。気になることと言えば、プロサッカー選手を目指す息子サリムが思ったほど、肉がつかない体質であることくらいだった。

落ち着いた日々を送っていたハセインの元に二〇一〇年六月、突然、一通の電子メールが届いた。ザカリアという名のアルジェリア人からだった。

「アルジェリア軍は〇二年、あなたを暗殺しようとした」

〇二年と言えば、ハセインがアルジェリア軍を訪ねて、幹部に怒りをぶつけたときのことだった。軍はそのとき、ハセインを爆殺しようとしていたというのだ。

ハセインはすぐにメールを返信し、数週間ザカリアと名乗る男とやりとりした。ハセインは自分と軍との関係について細かく質問した。ザカリアの答えはすべて正確で、軍内の者にしかわからない情報が多数含まれていた。ザカリアが軍の内情や、ハセインと軍の関係を熟知していることは疑いようがなかった。

ザカリアはいまだアルジェで生活しているため、本名は明かせないと断っていた。軍の幹部でありながら、軍のやり方に憤っていることがメールから伝わってきた。ハセインは言う。

「メールを読んで、背筋が凍る思いがした。俺はあのとき、軍法会議にかけられ刑務所送りになることを心配していたが、軍は俺を爆殺する計画だったんだ」

私はザカリアからのメールを読んだ。イスラム主義者に対するアルジェリア軍のリンチ、暴力について実名を挙げ詳述していた。内容は生々しかった。名指しされている者からコメントを取らずにそのまま紹介することはできない内容だった。アルジェリア軍が私の取材を拒否しているため、このメールの詳細をそのまま書くことはできない。ここではメールの概要を紹介するにとどめる。

ハセイン様

本当は私の経験したことを公表する必要があるのだが、家族とともにアルジェで暮らす私にはそれができない。

私は四十九歳のザカリアという者だ。私はアルジェリア軍に所属しながら、この国の諜報機関や軍の野蛮なやり方を何度も目撃してきた。実際、軍幹部がやってきたことは良心のかけらもない、実にやくざなものだった。

実際に私が目撃した光景には次のようなものがある。一九九四年十二月十三日、軍の調べ官がイスラム主義者の若者を尋問した。そのとき、調べ官が若者の頭部に弾丸をぶち込むのを私は目撃した。私は若者の最期の表情を生涯忘れない。

そして、アルジェリア軍は二〇〇二年、あなたを爆殺する計画を立案した。九四年夏にあなたを諜報機関の協力者としてリクルートしたヤシン・メルゾグイを覚えているだろう。軍はメルゾグイとあなたを同時に殺害する計画だった。

結局、あなたを爆殺した場合、欧州のジャーナリストが軍の関与を疑う可能性があることがわかり、計画は中止された。軍はあなたの暗殺を決断していたのだ。

私はこんな組織に所属することにうんざりしている。外国のビザが取得できれば、この国を出るつもりだ。

草々

ハセインは思った。自分は間一髪のところで、死から逃れたようだった。あのとき、「欧州のジャーナリストが書き立てるぞ」と脅さなかったら、俺の体はこなごなに吹き飛んでいたのだ。アルジェリア内戦の際、この国のあちこちで見られたテロのように。

ハセインは今、アルジェリア内戦で多くの市民を殺害したのはイスラム主義者だけではないと確信している。軍は大量のイスラム主義者を殺害しただけでなく、自分たちに都合の悪い多数の市民を殺害し、それをイスラム主義者のテロと主張してきたのだ。

パリで新聞発行を計画しているとき襲われたことや、その後、アルジェに帰って殺害予告の電話を受けたこと、そして、メルゾグイが暗殺されかかったことも、ひょっとすると軍の仕業だったのかもしれないと、ハセインは疑っている。

私と会った当初、ハセインはテロリストよりも怖い世界があると語った。ハセインの半生を追い掛けてきた私は今、その言葉の意味がわかる。

アルジェリア軍は九四年、何の罪もないハセインを脅しあげて協力者に仕立て、都合が悪くなると、ハセインの殺害を計画した。しかも、それは軍の指揮官メルゾグイをも同時に消すことを狙ったものだった。

また、フランスの諜報機関は偽の新聞を発行し、イスラム過激派の誘拐や暗殺をも計画した。さらに、英国の諜報機関に至っては、自国内でテロをしないことを条件に、過激なイスラム主義者を保護した。国籍取得を妨害することで、ハセインを都合良くコントロールしようとした。そして、自分たちの手に負えなくなると、スパイであることを過激派側に密告して襲撃させた。目的のためには手段を選ばない。それが国家なのだ。

ハセインは確信している。本当に怖いのはテロリストではない。照りつける太陽の暑さよりも、霧の中にこそ恐怖は潜んでいる。

「ジハードに勝った」

二〇一二年十月五日、ロンドンの王立裁判所三号法廷。私は傍聴席で、ハセインの隣に座っていた。この年の七月、ロンドンで三度目のオリンピックが開かれ、九月にはパラリンピックも閉幕した。英国社会がようやく、その熱狂から冷めたころだった。

この日は、アブ・ハムザを米国に移送するかどうかを英国の高等法院（英国最高法院の一部門の裁判所）が最終決定する公判だった。アブ・ハムザの逮捕から、すでに八年が経過していた。アブ・ハムザを巡っては米国政府が〇四年五月二十一日、英国政府に身柄の引き渡しを要求した。アブ・ハムザ側は米国に引き渡された場合、拷問を受ける可能性があると主張し、身柄の移送を拒否した。

一方、英国政府は米国に移送しても、拷問されることはないとして、身柄の移送を認めるよう主張し、英国の裁判所は、一審（〇七年十一月十五日）、控訴審（〇八年六月二十日）、上告審（〇八年七月二十三日）ともアブ・ハムザの訴えを退けた。

アブ・ハムザ側は次に、欧州人権裁判所（フランス・ストラスブール）に身柄移送の禁止を申し立てた。その欧州人権裁判所が一二年九月二十四日、身柄移送を認める決定をしたため、英国の司法がこの日、改めて身柄移送を決定することになった。

傍聴席はジャーナリストを中心に身動きができないほどの混み具合だった。隣のハセインが私の耳元で言った。

「振り返るな。俺の斜め後ろにいるのがファイブ（ＭＩ５）だ」

ＭＩ５の機関員も傍聴に来ていた。何気なく振り返ると機関員はカジュアルな服装で手帳にペンを走らせていた。

裁判長のジョン・トーマスが薄暗い法廷に姿を見せた。傍聴席は全員、立ち上がった。被告本人は不在である。ハセインが隣で大きく深呼吸した。ハセインはこの日、いつもより二時間ほど早い午前五時に目を覚まし、頭髪とひげをきれいにそり上げてきた。

自分がその犯罪を監視し、報告してきたターゲットが、国を追われることになる日だった。米国に移送された場合、アブ・ハムザの弁護団は連邦裁判所で、MI5やロンドン警視庁との「密約」に言及するはずだった。ハセインは何としても、アブ・ハムザを米国の司法の場に引きずり出したかった。それは、MI5がやってきたことを裁くことにもなるはずだった。

トーマスは着席するやいなや、手元の書類を読み上げた。

「被告の訴えを却下する。ただちに米国への移送手続きが行われる」

傍聴席中央に座るハセインは小刻みに身体を震わせたあと、大急ぎで法廷を出た。裁判所の前で携帯電話を取り出すと親しい知人に次々、電話をかけたあと、私に向かって、Vサインをしながら叫んだ。

「やつとのジハードに勝った」

「これでMI5がやってきたことがはっきりする」

ハセインの顔には、満面の笑みが浮かんだ。

霧の向こうに垣間見る像

アブ・ハムザはその夜、軍用機でニューヨークに移送された。米国連邦検察庁は十一の罪でアブ・ハムザを起訴した。主な罪は次のようなものだった。
▽一九九八年十二月二十八日、イエメンで外国人観光客十六人を誘拐するよう指示した。
▽九九年後半にウサマ・カッシール、ハルーン・アスワットを米国オレゴン州ブライに派遣してテロリスト訓練キャンプを設置しようとした。
▽二〇〇〇年から〇一年にかけて、支持者をアフガニスタンに派遣して暴力的ジハード（イスラム聖戦）のために武器や資金をタリバン政権に提供した。

こうしたことが誘拐、テロリストへの物資供与、タリバン政権へのサービスと物資供与などの罪に該当すると検察は主張した。ほぼすべて、ハセインがロンドン警視庁やMI5に報告していた内容だった。

米国ニューヨーク州南部地区連邦地方裁判所での初公判（陪審員十二人）は二〇一四年四月十七日に開かれた。米国への移送から一年半ぶりだった。

初公判で検察側は起訴内容について、こう説明した。

「アブ・ハムザは単なる宗教家ではなく、宗教を隠れ蓑《みの》にした、テロリスト訓練家だった。英国警察は彼のモスクを捜索し、ナイフやガスマスク、化学防護服など戦争道具を発見した」

一方、弁護側はこう主張した。

「被告はロンドン警視庁やMI5から、イスラム社会を穏健化するために影響力を行使すると考えられていた」

やはり弁護側はアブ・ハムザと警視庁、MI5との関係に言及した。

さらに一四年五月七日の公判で弁護側は、アブ・ハムザと英国治安当局との蜜月を示す具体的証拠を提示した。五十ページに及ぶ警視庁の内部文書だった。

「アブ・ハムザは継続的に英国治安当局と対話を持っていた」

「一九九七年五月から二〇〇〇年八月にかけ、警視庁やMI5はロンドンの街の緊張を緩和するため、対テロ作戦でアブ・ハムザに協力を求めた」

アブ・ハムザと警視庁、MI5は協力関係にあったのだ。しかも、警視庁文書にある「一九九七年五月から二〇〇〇年八月」というのはまさに、ハセインがアブ・ハムザを監視した時期と重なる。ハセインがどれほどアブ・ハムザの犯罪行為を報告しようとも英国の治安・諜報機関は、その裏でアブ・ハムザと「継続的に対話」し、彼に「協力を求め」ていたのだ。警視庁やMI5がアブ・ハムザを本気で取り締まろうとしなかった理由が、霧の向こうに像となって現れた。国家という霧の中から遂に、ロンドニスタンが姿を見せた。

アブ・ハムザへの判決言い渡しは一五年一月九日だった。すでに、陪審員が全員一致でアブ・ハムザの有罪を評議しており、この日の言い渡しは量刑のみだった。

午前十時を少し回ったとき、裁判官と二人の書記が姿を見せた。裁判官のキャサリン・フォレストは一九六四年、ニューヨーク生まれの女性判事である。

静まった法廷に咳が一つ響き、フォレストが開廷を告げた。

ハセインは緊張を静めようと何度か深呼吸した。

まず、弁護側が発言を求めた。

「被告人は両腕が不自由なため、拘置には特別な施設が必要になる。通常の施設では、飲食や健康管理の面で問題がある。身体障害者に対し、特別な配慮をしないまま判決を出すのは野蛮であり、残酷で異常な罰を禁じた米国憲法に反する」

ハセインは先延ばしの法廷戦術だと思った。英国の裁判所でもアブ・ハムザは、「米国に移送されれば拷問される」と主張し、何度も公判を遅らせてきた。弁護側が許された範囲内で被告の権利を主張するのは正当な弁護活動である。しかし、ハセインの感情は理性を抑えつけた。テロの犠牲になった祖国の市民を思うとき、自己防衛に終始し、露ほども反省の色を見せない、かつてのカリスマ説教師を心底軽蔑する気持ちが湧いてきた。

「若者に、『殉教者になって天国に行け』と言っていた本人が、障害があるから拘置は野蛮だと主張する。まったく滑稽《こっけい》だ」

検察側は通常の施設での拘置に問題はないと主張した。しかし、弁護側はしつこく、アブ・ハムザの障害を言い立てた。弁護人だけでなく、アブ・ハムザ自身も声を上げて、自分は両腕がないので拘置は人権問題になると訴えた。

開廷してから五十分が過ぎた。パリ郊外ではフランスの憲兵部隊が、シャルリー・エブド本社襲撃犯人であるクアシ兄弟の立てこもる印刷工場に突入し、二人を殺害した時間だった。もちろん、ニューヨークの法廷にいるアブ・ハムザやハセイン、そして裁判官のフォレストもそれを知らない。

　アブ・ハムザの障害を巡る弁護、検察双方のやりとりはさらに約一時間、続いた。ハセインは民主主義とは実にやっかいなものだと思った。どんな凶悪犯であっても、その権利は尊重されねばならないのだ。

　正午を前にフォレストは一旦、休廷を宣言した。ハセインは四メートル先に座っているアブ・ハムザに視線を集中した。このときも相手は目を合わせなかった。

　十五分後、フォレストが再び入廷した。中央の席に静かに腰掛けたフォレストは、一呼吸置くとはっきりと言った。

「被告の訴えを却下し、量刑を言い渡します」

　ハセインが腕時計を見ると午後〇時十五分だった。

　アブ・ハムザに対する判決の言い渡しが始まった。

「イエメンで一九九八年、十六人の観光客を誘拐した罪。終身刑を言い渡す」

　フォレストは十一の罪の一つひとつに対し量刑を下していった。結局、二件で終身刑、五件で禁固十五年などだった。アブ・ハムザの受けた終身刑は、仮釈放の可能性を否定していた。

　フォレストは判決でアブ・ハムザの犯行について、「誤った方向に支持者を導く野蛮な行為」と断罪し、「誘拐の犠牲者への同情もまったく表明していない」と述べた。

　傍聴席のハセインは目を閉じながら量刑を聞いた。まぶたの裏にテロで亡くなった祖国の人々の姿が浮かんだ。双眸《そうぼう》からいつしか、大粒の涙があふれた。

アルジェリア・ベンタルハで虐殺事件が発生した直後、アブ・ハムザはフィンズベリー・パーク・モスクでテロリストたちを称えた。怒ったアルジェリア系住民とアブ・ハムザの支持者で殴り合いがあった。ハセインはあのとき、モスクにいながら何もできなかった。テレビ映像で何度も、テロに苦しむアルジェリアの人々の姿を見てきた。家族を失って泣き叫ぶベンタルハの女性の姿がハセインの頭の中でよみがえった。

判決の言い渡しは十五分ほどで終了した。裁判官のフォレストが閉廷を宣言して退廷した。傍聴席のジャーナリストたちは記事を書くのに忙しかった。ハセインはしばらく呆然としたままだった。自分は使命を完遂したのだ。アブ・ハムザは米国で最も警備の厳しい、コロラド州の連邦拘置施設に移送される。彼の自由を完全に剝奪できたとハセインは思った。

気がつくとすでにアブ・ハムザは法廷から姿を消していた。ハセインは最後に、「ベンタルハを忘れるな」と叫ぶつもりだったが、量刑を聞いているうちに頭が真っ白になり、言いそびれたことを少し後悔した。

パリではクアシ兄弟による立てこもり事件が解決して二時間近くになろうとしていた。

ハセインはジャンパーを着ると裁判所を出た。

雪はやんでいた。

マンハッタンのビル街を歩いた。

ハセインは思った。結局、MI5やロンドン警視庁の失敗は裁かれなかった。もう一つの敵は霧の向こうに消えてしまった。

ハセインの足取りは、任務が完了した割には決して軽くなかった。（敬称略）

あとがき

レダ・ハセインと付き合うようになって、間もなく三年になる。明るく、楽しい人間だが、付き合いながら疲れることも多かった。

本文でも書いている通りハセインは当初、簡単には胸襟を開かなかった。彼の生きてきた道を考えると当然である。しかし、付き合いが深まれば深まるほど、私は彼とのやりとりに、むしろ疲れを感じるようになった。

信頼関係ができあがるとハセインは、毎週のように連絡を寄こした。会うと彼は、いかに自分が優れたジャーナリストであるのかを滔々《とうとう》と語った。スパイ活動が発覚して以来、フリーのジャーナリストとして活動しているものの、仕事が少ないことに内心、いらだちを感じていたのだと思う。

メールや電話でも、「自分は世界の英雄だ」と主張した。「イスラム過激派と闘った英雄」という意味だったが、真の英雄は自分のことを英雄とは呼ばない。自分を英雄と主張せねばならないほど、ハセインは自己評価と世間の見る目の乖離《かいり》に苦しんでいた。

ハセインは米同時多発テロ直後、「過激なイスラム主義者を監視し、英国を守ろうとした男」として、欧米メディアの寵児《ちょうじ》となった。彼のいらだちは、その経験を引きずっていることから来ていた。ジャーナリズムはいつも、その時々に話題になる人物を持ち上げ、おだてるが、使い捨てるのも早い。メディアの賞味期限は短いのだ。

社会が米同時多発テロの興奮から冷めると、メディアはハセインへの関心を失った。ハセインにとっては生命を賭《と》し、家族の分裂という代償を払ってまでやった監視活動である。メディアが一時の流行程度に彼を取り上げたことに戸惑いを感じたとしても、それを責めることはできないだろう。

ハセインとのやりとりに疲労を感じながらも、私が彼と付き合い続けた理由は、そうした無邪気なところが逆に、人間臭く魅力と感じたことにある。また、彼の体験に対する私の関心が決して薄まらなかったことも大きかった。

彼と話しているうちに私は、それまで自分が抱いてきたスパイ像を徹底的に打ち壊し、人間味ある一人のスパイの姿を形作ることができた。スパイは国家への使命感のために、危険を顧みず、敵対勢力の情報を収集する映画の中のヒーローではない。スパイであっても、サラリーや家族のことを気に掛け、ボスの指示に不満や不信を感じながら生きている。さらに英国やフランスの諜報機関も、生身の人間が運営し、無責任体質や組織内論理を優先させる点は、どの組織にも共通するものだ。

ハセインの生きた時間を丁寧に追い掛けることで私は、そうした人間臭いスパイ活動や官僚的スパイ機関のやり方を疑似体験することができた。突き詰めれば今回、ハセインの半生をまとめたいと思った動機は、ハセインの体験を通じ、ジェームズ・ボンドからはわかり得ない、生身のスパイ像を描いてみたかったことに尽きるのかもしれない。

この原稿の最終段階になってパリで、週刊紙シャルリー・エブドの風刺画家や編集長が、アルジエリア系フランス人のイスラム過激派に殺害されるテロが起きた。イラクやシリアで勢力を拡大する「イスラム国」と名乗る過激な武装集団が日本人二人を殺害する事件も発生した。さらにチュニジアの首都チュニスでも、イスラム過激派が国立博物館を襲撃し日本人三人を含む外国人観光客二十人以上が犠牲になった。ハセインが主張し続けた危険が今なお、欧州や中東に残っているどころか、その危険性はますます高まっていることを示したことになる。

一方、ハセインがスパイ活動をしていた当時と違うのは、英国政府の対応だった。今、英国の警察や諜報機関は、イスラム過激思想に一切の妥協をしない姿勢をとっている。英国人がシリアで民兵として戦闘に参加した可能性がある場合、英国籍を剝奪し、再入国させない措置までとっている。アブ・ハムザらへの対応に誤りがあったことを英国の治安・諜報機関が自覚している証拠である。

今回の取材ではハセインに大変、世話になった。ハセインは自分がスパイ時代に記した日記やメモを手元に置きながら、当時の状況を細かく再現してくれた。日記やメモはフランス語で書かれているため、ハセインはそれを英語に訳して語り、時には当時を再現するよう演じてみせてくれた。また、ハセインの両親や友人、元妻らにも快くインタビューに応じてもらった。本文でも紹介したが、イスラム過激派の動きに詳しい学者やイスラム主義者からも話を聞いた。深く感謝している。

本にする段階では講談社学芸図書出版部の石井克尚氏に世話になった。原稿を送るとすぐに目を通し、電話で感想を伝えてくれたことに励まされた。

世界ではイスラム過激派によるテロと、それに対抗する各国政府の軍事行動によって、連日のように市民の犠牲が出ている。「イスラム国」の主張を見ると、イスラム過激派ははっきりと日本を敵と見なしたようだ。イスラム過激主義との戦いは、出口の見えないトンネルに入り込んでしまったような暗い気持ちにさせる。罪なき市民の犠牲がなくなり、人々が笑顔で暮らせる社会が実現することを願いながら筆を置く。

二〇一五年四月七日　ロンドン北部ハムステッドの自宅で

【主要参考文献】

▽日本の新聞
毎日新聞
▽英国の新聞
サンデータイムズ、ガーディアン、オブザーバー、デイリーテレグラフ、インディペンデント、タイムズ、サン、デイリースター
▽日本語の本
『嵐の中のアルジェリア』ファン・ゴイティソーロ著、山道佳子訳（みすず書房、一九九九年）
『MI6秘録——イギリス秘密情報部1909-1949』〈上・下〉キース・ジェフリー著、高山祥子訳（筑摩書房、二〇一三年）
▽英語の本
Cables from Kabul: The Inside Story of the West's Afghanistan Campaign, Sherard Cowper-Coles（2012, HarperPress）
Dying to Win: Why Suicide Terrorists Do It, Robert A. Pape（2006, Gibson Square Books Ltd）
Londonistan: How Britain Is Creating a Terror State within, Melanie Phillips（2007, Gibson Square Books Ltd）

GCHQ, Richard J Aldrich（2011, HarperPress）
The Suicide Factory: Abu Hamza and the Finsbury Park Mosque, Sean O'Neill, Daniel McGrory（2006, HarperCollins Publishers）
7/7: The London Bombings, Islam & the Iraq War, Milan Rai（2006, Pluto Press）
Celsius 7/7, Michael Gove（2006, Weidenfeld & Nicolson）
Allies: The U.S., Britain, Europe and the War in Iraq, William Shawcross（2004, PublicAffairs）
The Defence of the Realm: The Authorized History of MI5, Christopher Andrew（2009, Penguin Group）
Abu Hamza: Guilty; The Fight Against Radical Islam, Réda Hassaïne, Kurt Barling（2014, Redshank Books）
Enemy Combatant: The Terrifying True Story of a Briton in Guantanamo, Moazzam Begg（2007, Pocket Books）
The Berber Kiss, Samia Bentayeb（2011, SB Publications）

▽インターネットのホームページ

公安調査庁

小倉孝保（おぐら・たかやす）

一九六四年、滋賀県生まれ。関西学院大学社会学部卒業。一九八八年、毎日新聞入社。カイロ支局長、ニューヨーク支局長などを経て、二〇一二年からロンドン特派員となり、二〇一四年、英国外国特派員協会賞受賞。二〇一一年、『柔の恩人「女子柔道の母」ラスティ・カノコギが夢見た世界』で小学館ノンフィクション大賞、二〇一三年、ミズノスポーツライター賞最優秀賞を受賞。現在、毎日新聞欧州総局長。

三重《さんじゅう》スパイ　イスラム過激派《かげきは》を監視《かんし》した男《おとこ》

二〇一五年五月一三日　第一刷発行

著者　小倉孝保《おぐらたかやす》

発行者　鈴木 哲

発行所　株式会社講談社
東京都文京区音羽二-一二-二一　郵便番号一一二-八〇〇一
電話〇三-五三九五-三五二二（出版）
〇三-五三九五-三六二二（販売）
〇三-五三九五-三六一五（業務）

印刷所　大日本印刷株式会社

製本所　黒柳製本株式会社

定価はカバーに表示してあります。

ISBN978-4-06-219484-6　N.D.C.916　334p　20cm